W0294244

Birgit Dickemann-Weber

Prüfung für Industriemeister (IHK)

Basisqualifikation

METHODEN DER INFORMATION, KOMMUNIKATION UND PLANUNG

Tabellenbuch IKP

DICKEMANN-WEBER
VERLAG

Bibliografische Information der Deutschen Nationalbibliothek:

Die Deutsche Nationalbibliothek verzeichnet diese Publikation in der Deutschen Nationalbibliografie. Detaillierte bibliografische Daten sind im Internet über http://dnb.d-nb.de abrufbar.

Der Text enthält in der Regel Gruppenbezeichnungen, Berufsbezeichnungen etc. nur in der männlichen Form. Dies dient der sprachlichen Vereinfachung, um sperrige Doppelformulierungen wie Industriemeister/Industriemeisterin zu vermeiden und so den Text lesbarer zu gestalten. Selbstverständlich werden Industriemeisterinnen in unserem Buch völlig gleichberechtigt angesprochen.

Keine Publikation ist perfekt und fehlerfrei. Anregungen, konstruktive Kritik und sonstige Verbesserungsvorschläge unserer Leser sind daher willkommen und werden gerne aufgenommen. Kontaktieren Sie uns bei Bedarf unter der unten genannten E-Mail-Adresse.

6. überarbeitete Auflage 2018

ISBN 978-3-943772-09-8

Autor: Birgit Dickemann-Weber

Satz: Dickemann-Weber GmbH & Co.KG

Foto Umschlag: Flowing Chart ©123render - iStockPhoto

Webseite: http://dickemann-weber.com

E-Mail: info@dickemann-weber.com

Vorwort zur 6. Auflage

Vielen Dank, dass Sie sich für unser Lehrbuch für die Prüfung „Anwendung von Methoden der Information, Kommunikation und Planung" entschieden haben.

Die 6. Auflage enthält einige Überarbeitungen, zusätzliche Fragen und Antworten sowie Verschönerungen.

Schon in Auflage 3 wurde die „Strukturierung der schriftlichen Prüfung" in das Lehrbuch aufgenommen, mit der Sie bei jedem Kapitel sofort erkennen können, in welchem Umfang das Thema in der schriftlichen Prüfung abgefragt wird.

Erfahrungen in der Lehre haben gezeigt, dass viele Studierende leichter lernen und mehr Verständnis für die Thematik entwickeln, wenn die Darstellung des Stoffes wenig formal und gleichzeitig übersichtlich gehalten wird. Darauf wurde in diesem Buch besonderen Wert gelegt. Zudem bereiten Sie zahlreiche Fragen und Antworten auf mögliche Fragestellungen in der Prüfung vor. Farbige Hervorhebungen, viele Schaubilder und grafische Darstellungen erleichtern die Orientierung und das Lernen.

Wir vom Verlag Dickemann-Weber haben noch eine Vielzahl weiterer Lehrmittel veröffentlicht, die Sie während Ihrer Weiterbildung, aber auch danach, bestens unterstützen. Neben Lehrbüchern und Frage-Antwort-Karten für die Prüfung zum Industriemeister sind bei uns auch Lehrmittel für Fachwirte, Ausbildung der Ausbilder und andere Weiterbildungskurse der IHK erschienen. Besonders hervorheben möchte ich auch unsere neue Lehrbuchreihe "Fachgespräch und Präsentation für Industriemeister".

Ich wünsche allen Leserinnen und Lesern viel Freude beim Lernen und eine erfolgreiche Prüfung.

Birgit Dickemann-Weber — Erlenbach b. Kandel, September 2018

Aus dem Vorwort der 1. Auflage (2012)

Das Tabellenbuch IKP ist zugeschnitten für die an der Meister-Weiterbildung interessierten Führungskräfte und bietet einen umfassenden Leitfaden als Lehrbuch in den Kursen, als Nachschlagewerk am Arbeitsplatz sowie zur effizienten, individuellen Prüfungsvorbereitung und als Hilfsmittel in der Prüfung.

Es soll ein solides Fundament geliefert werden für eine theoretisch fundierte und dennoch praxisnahe Einführung in die Thematik der Basisqualifikation „Anwendung von Methoden der Information, Kommunikation und Planung".

Dazu trägt in nicht unerheblichem Ausmaß das ausführliche Stichwortverzeichnis bei, das selektives Lernen und Herauspicken von Einzelthemen problemlos erlaubt. Weiterhin hat die Erfahrung gezeigt, dass das Lehrbuch auch nach der Prüfung gerne als Nachschlagewerk am Arbeitsplatz genutzt wird.

Die Inhalte selbst sind klar gegliedert, farblich unterlegt zum leichteren Lernen und mit zahlreichen Fragen und Antworten sowie Definitionen, Schaubildern und Beispielen versehen und erlauben den Studierenden rasch einen Überblick über die umfangreiche Materie zu gewinnen.

Die Bücher für weitere Basisqualifikationen sowie die zugehörigen Lernkartensätze sind ebenfalls im Verlag Dickemann-Weber erhältlich.

Autor

Birgit Dickemann-Weber studierte zunächst Sozialpädagogik mit Abschluss zur Diplom-Sozialpädagogin (BA) und absolvierte danach erfolgreich an der Universität Mainz das Studium der Rechtswissenschaften mit anschließender Referendarausbildung beim Landgericht in Karlsruhe. In der Folge sammelte sie als Personalreferentin bei einem börsennotierten Unternehmen umfangreiche Erfahrungen im Personalmanagement. Qualifizierungen zur Personalentwicklerin und zur gepr. Wirtschaftsmediatorin (BA) runden ihr Profil ab.

Seit 2002 ist sie als freiberufliche Referentin und Trainerin in den Bereichen Recht, Kommunikation und Führung tätig und berät Unternehmen, sowie Fach- und Führungskräfte in allen Fragen des Personalmanagements. Sie ist zudem Prüferin bei der Industrie- und Handelskammer Karlsruhe.

Als Fachbuchautorin schrieb und veröffentlichte sie mehr als 30 Titel u.a. für Industriemeister.

Verlag

Der Verlag Dickemann-Weber wurde 2008 von Birgit Dickemann-Weber und Dirk Weber gegründet. Was als kleines Projekt zur Verbesserung der Weiterbildungsliteratur für IHK-Prüfungen begann, hat sich zwischenzeitlich zu einer echten Erfolgsgeschichte entwickelt. Der Verlag hat es sich zur Aufgabe gemacht, Fachliteratur zu veröffentlichen, die modern gestaltet und leicht verständlich ist. Besonders die konsequente Ausrichtung auf das Bestehen der Prüfungen steht im Fokus.

Der Verlag beschäftigt eine Reihe von hochmotivierten Mitarbeitern und arbeitet mit einer Vielzahl von Autoren zusammen. Das Unternehmen hat seinen Sitz in Erlenbach bei Kandel.

Hinweise zum Buch

Für wen ist das Lehrbuch gedacht?

Dieses Lehrbuch wendet sich an Weiterbildungsteilnehmer der IHK, die ihren Industriemeister-Abschluss erfolgreich ablegen möchten. Sie bereiten sich mit diesem Lehrbuch auf die Prüfung im Handlungsbereich „Anwendung von Methoden der Information, Kommunikation und Planung" vor.

Die Inhalte des Handlungsbereichs „Anwendung von Methoden der Information, Kommunikation und Planung" werden kompakt und leicht verständlich vermittelt. Durch die sorgfältige Abstimmung auf den Rahmenplan der DIHK eignet sich das Lehrbuch optimal für die Vor- und Nachbereitung des Unterrichts und als umfassende Hilfe zur Lernkontrolle und Prüfungsvorbereitung.

Der Handlungsbereich „Anwendung von Methoden der Information, Kommunikation und Planung" stellt einen der fünf Qualifikationsbereiche der ersten Teilprüfung - der „Fachrichtungsübergreifenden Basisqualifikationen" - der Fortbildungsmaßnahme dar.

Schriftliche Prüfung „Fachrichtungsübergreifende Basisqualifikationen/Grundlegende Qualifikationen":

1.	Rechtsbewusstes Handeln	90 min
2.	Betriebswirtschaftliches Handeln	90 min
3.	**Anwendung von Methoden der Information, Kommunikation und Planung**	**90 min**
4.	Zusammenarbeit im Betrieb	90 min
5.	Berücksichtigung naturwissenschaftlicher und technischer Gesetzmäßigkeiten	90 min

Inhalt und Aktualität

Die Gliederung und die Inhalte des Lehrbuches sind auf den aktuellen Rahmenplan der DIHK und auf die neue Rechtsverordnung „Fachrichtungsübergreifende Basisqualifikationen/Grundlegende Qualifikationen" abgestimmt.

Weitere Informationen zur Aktualität unserer Produkte erhalten Sie auf unserer Webseite **www.dickemann-weber.com**. Wir bieten dort Aktualisierungen, Verbesserungen und Neuerungen zu unseren Büchern und Lernkarten an, sodass Sie jederzeit auf dem neuesten Stand sind.

Strukturierung der schriftlichen Prüfung

Die DIHK-Bildungs-GmbH hat ab der Frühjahrsprüfung 2012 die „Strukturierung der schriftlichen Prüfung" verbindlich eingeführt und veröffentlicht, um vorab mehr Transparenz zu schaffen und eine klare Orientierung zu geben.

Mit der Strukturierung werden die Themenschwerpunkte der schriftlichen Prüfungen und ihre prozentuale Verteilung den Teilnehmern, Bildungsträgern und Prüfern bekannt gemacht. Die Vergleichbarkeit von Prüfungen soll damit garantiert werden.

Weitere Unterstützung für Ihre Prüfung

Mit den Angaben zur „Strukturierung der schriftlichen Prüfung" erhalten Sie in diesem Lehrbuch weitere hilfreiche Informationen für die Prüfungsvorbereitung. Auf diese Weise können Sie sich exakt an den Prüfungsanforderungen orientieren und entsprechend differenziert lernen.

Folgende Angaben können der Strukturierung entnommen werden:

- Angabe, welche Gliederungspunkte aus dem Rahmenplan im jeweiligen schriftlichen Prüfungsfach prüfungsrelevant sind.
- Angabe, welche Themen aus dem Rahmenplan im jeweiligen schriftlichen Prüfungsfach prüfungsrelevant sind.
- Angabe, wie viele Punkte für die Prüfungsaufgabe(n) in dem genannten Prüfungsthema vergeben werden.

Es handelt sich bei den Angaben der „Strukturierung" um Richtwerte. In einzelnen Fällen kann davon in geringem Umfang abgewichen werden. Die Strukturierung gilt nur für die bundeseinheitlichen schriftlichen Prüfungen und nicht bei den mündlichen Prüfungen. Themen einer mündlichen Prüfung können weiterhin alle aufgeführten Inhalte eines Prüfungsfaches gemäß Rahmenplan sein.

Diese Strukturierung gilt seit der Frühjahrsprüfung 2012. Änderungen an der Strukturierung können auf der Homepage der DIHK-Bildungs-GmbH unter dem Stichwort „Strukturierung" eingesehen werden.

Strukturierung der fachrichtungsübergreifenden Basisqualifikation: Anwendung von Methoden der Information, Kommunikation und Planung

In der folgenden Tabelle ist die Strukturierung für die schriftliche Prüfung „Information, Kommunikation und Planung" aufgeführt. Im Rahmenplan für Industriemeister finden Sie diese Prüfung im Teil 3, daher ist in der Tabelle vor den Kapitelnummern auch der Teil 3 aufgeführt. Im Buch haben wir der Einfachheit halber auf diese Angabe verzichtet.

Rahmenplan	Thema	Punkte ca.
3.1	Erfassen, Analysieren und Aufbereiten von Prozess- und Produktionsdaten mittels EDV-Systemen und Bewerten visualisierter Daten	20
3.2	Bewerten von Planungstechniken und Analysemethoden sowie deren Anwendungsmöglichkeiten	20
3.3	Anwenden von Präsentationstechniken	10
3.4	Erstellen von technischen Unterlagen, Entwürfen, Statistiken, Tabellen und Diagrammen	15
3.5	Anwenden von Projektmanagementmethoden	20
3.6	Auswählen und Anwenden von Informations- und Kommunikationsformen einschließlich des Einsatzes entsprechender Informations- und Kommunikationsmittel	15
		100

Beispiel:

In der schriftlichen Prüfung werden also je 20% der zu vergebenden Punkte in den Themen 3.1, 3.2 und 3.5 geprüft. Entsprechend sollten Sie also auf diese Themen Ihren Schwerpunkt legen.

Die Strukturierung finden Sie zusätzlich auch noch auf jeder Kapitelseite, mit der jedes der oben genannten Themen beginnt.

Hinweis:

Obwohl die Basisqualifikationen für Industriemeister fachübergreifend sind, d.h., dass die Inhalte bei allen Industriemeistern, unabhängig von der Fachrichtung, identisch sind, kann die Zusammensetzung der Prüfungsfragen je Fachrichtung Unterschiede aufweisen.

Bei der oben genannten verbindlich vorgegebenen Strukturierung der Themenschwerpunkte der schriftlichen Prüfungen, die die DIHK-Bildungs-GmbH veröffentlicht hat, gibt es bei der Prüfung „Anwendung von Methoden der Information, Kommunikation und Planung" je nach Fachrichtung des Meisterlehrgangs kleinere Unterschiede in der prozentualen Punkteverteilung. Die hier dargestellte Strukturierung richtet sich nach der Strukturierung für Industriemeister Fachrichtung Metall.

Falls Ihre Fachrichtung abweicht und sie die prozentuale Verteilung der Punkte je Themenschwerpunkt sicherstellen wollen, schauen Sie bitte direkt auf der Homepage der DIHK-Bildungs-GmbH unter dem Stichwort „Strukturierung" nach. Dort finden Sie alle speziellen Informationen für ihre Industriemeister-Fachrichtung.

Inhalt

1

Erfassen, Analysieren und Aufbereiten von Prozess- und Produktionsdaten mittels EDV-Systemen und Bewerten visualisierter Daten

Strukturierung der schriftlichen Prüfung	20%

1.1 Informationsverarbeitung

DEFINITION INFORMATIONSVERARBEITUNG

Unter Informationsverarbeitung versteht man den Vorgang der Aufnahme, Übertragung, Verknüpfung, Bewertung, Auswertung und Speicherung vorhandener Informationen.

Unter Informationsverarbeitung mittels EDV-Systemen versteht man die elektronische Verarbeitung - wie Aufnahme, Übertragung, Verknüpfung, Bewertung, Auswertung und Speicherung - vorhandener Informationen in der Datenverarbeitung.

? **Warum ist die Informationsverarbeitung mittels EDV-Systemen von hoher Bedeutung?**

Die Bedeutung des EDV-Einsatzes ist in den letzten Jahren und Jahrzehnten zweifellos stark angestiegen und wird auch weiterhin ansteigen.

Hintergrund des - auch weiterhin - starken Anstiegs ist, dass der Industriestandort Deutschland gekennzeichnet ist durch

- einen hohen Automatisierungsgrad,
- eine komplexe Produktions– und Verfahrenstechnik **und**
- eine hohe Wertsteigerung der verarbeiteten Rohstoffe.

Die EDV hat folglich eine sehr hohe Bedeutung, denn sie gewährleistet die schnelle Speicherung, Verarbeitung, Übertragung, Verknüpfung, Auswertung und Bewertung von Informationen/Daten.

? **Welche Grundbegriffe der Informations-/Datenverarbeitung werden unterschieden?**

Daten	Unter Daten versteht man Informationen, die in Systemen verarbeitet werden können.
Personenbezogene Daten	Personenbezogene Daten sind all jene Informationen, die sich auf eine natürliche Person beziehen oder zumindest beziehbar sind und so Rückschlüsse auf deren Persönlichkeit erlauben, Art. 4 Nr. 2 DSGVO. Bsp.: allgemeine Personendaten (Name, Geburtsdatum, Alter, Anschrift, Telefonnummer, E-Mail-Adresse); Kennnummern (Sozialversicherungs-, Krankenversicherungs-, Personalausweisnummer); Bankdaten (Kontonummer); physische Merkmale (Geschlecht, Kleidergröße)

Datenerfassung	Unter Datenerfassung versteht man die Aufnahme von Daten, um sie maschinell lesbar zu machen. Bsp.: Scannen, Digitalisieren, manuelle Texteingaben
Datenspeicherung	Unter Datenspeicherung versteht man das Erfassen, Aufnehmen oder Aufbewahren von Daten auf einem Datenträger zum Zwecke ihrer weiteren Verarbeitung oder Nutzung.
Datenverarbeitung	Unter Datenverarbeitung (DV) versteht man das automatische Erheben, Erfassen, Übermitteln, Ordnen, Auslesen, Abfragen und Umformen von Daten mit dem Ziel, Informationen über diese Datenmengen zu gewinnen oder diese Datenmengen zu verändern, Art. 4 Nr. 1 DSGVO.
Datensicherung („Backup")	Unter Datensicherung (engl. **backup**) versteht man das Sichern der in einem System vorhandenen Daten auf ein alternatives Speichermedium (= **Sicherungskopie**). **Ziele der Datensicherung:** ■ Begrenzung des Datenverlusts oder der Datenschädigung bei fehlerhaften technischen oder menschlichen Ursachen ■ Dauerhafte Aufbewahrung **Organisation der Datensicherung:** ■ **Einfache Datensicherung:** D.h., Daten existieren auf dem aktiven System und auf einem Speichermedium → geeignet für kleinere Unternehmen ■ **Mehrstufige Datensicherung:** D.h., Sicherung auf mehreren Datenträgern und getrennte Aufbewahrung ■ **Datensicherungssysteme:** Unter Datensicherungssystemen versteht man eine vollautomatische und mehrstufige Datensicherung. **Bei den Datensicherungssystemen wird unterschieden zwischen ...** → **vollständigem** Backup, d.h., der gesamte Datenbestand wird täglich auf einem unabhängigen Datenträger gesichert. → **differentiellem** Backup, d.h., hier werden nur die Daten gesichert, die sich seit der letzten Komplettsicherung geändert haben oder neu hinzugekommen sind. → **inkrementellem** Backup, d.h., hier werden nur die Daten gesichert, die sich seit der letzten Datensicherung geändert haben. Dadurch lässt sich Speicherplatz sparen. Eine Datei, die täglich geändert wird, wird folglich täglich abgelegt und gesichert, mit dem Vorteil, dass man auf ältere und funktionierende Backup-Versionen zurückgreifen kann, wenn sich ein Datenfehler erst nach Tagen herauskristallisiert.
Datensicherheit („Security")	Unter Datensicherheit ("**Security**") versteht man alle Maßnahmen, welche die Daten vor Verlust, Verfälschung und Zerstörung schützen. → „Wie kann man Daten gegen Missbrauch schützen?"

	Ziele der Datensicherheit: ■ Sicherstellung von Vertraulichkeit, d.h. Daten sind für unberechtigte Dritte nicht zugänglich ■ Sicherstellung von Verfügbarkeit, d.h. Daten stehen zur Verfügung, wenn sie gebraucht werden ■ Sicherstellung von Integrität, d.h. Daten können nicht verfälscht werden ■ Schutz vor Gefahren bzw. Bedrohungen ■ Vermeidung von Schäden und Minimierung von Risiken
Datenschutz („Privacy")	Datenschutz ("**Privacy**") ist der Schutz des Menschen und seiner persönlichen Daten vor Missbrauch durch andere. **Beachte:** Es handelt sich hierbei nicht um den Schutz der Daten, sondern um den Schutz der Personen, über die die Daten etwas aussagen. **Ziele des betrieblichen Datenschutzes:** ■ Sicherstellen der Privatsphäre der Arbeitnehmer ■ Vertraulichkeit der Mitarbeiterdaten gewährleisten ■ Datenmissbrauch verhüten

? **Welche Gefahrenquellen/Risiken ergeben sich durch die Vernetzung mit EDV-Systemen (Intranet/Internet)?**

Folgende typische Gefahren können sich durch die Vernetzung mit EDV-Systemen ergeben:

- Datenzugriff durch unbefugte Personen; Passwörter können an Unbefugte gelangen
- Verlust von Daten z.B. bei der elektronischen Übertragung, während des Transports auf einem Datenträger oder durch Diebstahl von Firmenlaptops
- Manipulation von Daten durch Eingabe, Veränderung oder Löschung
- Fehlerhafte Übertragung der Daten an unbefugte Dritte
- Industriespionage z.B. durch Konkurrenzfirmen
- Hacker können sich ins Firmennetz einloggen
- Ungewollte Veränderung von Daten durch fehlerhafte Eingabe und Bearbeitung
- Sabotage z.B. durch unzufriedene Mitarbeiter
- Verbreitung von Viren, Würmern und Trojanern,
- Transfer gefährlicher Programme ins System
- Ablenkung vom Kerngeschäft durch die „privaten" Möglichkeiten des Internets, wie soziale Netzwerke, Auktionshäuser, Online-Spiele etc.
- Unzureichender Zugriffsschutz durch zu einfache Passwörter

Welche Maßnahmen können zur Datensicherheit bzw. Sicherheit der EDV-Systeme ergriffen werden? ?

Maßnahmen	Beispiele
Technische Maßnahmen	■ Elektronische Zutritts-/Zugangskontrollen, Firewalls → Eine Firewall schützt ein internes Netzwerk vor dem Eindringen unberechtigter Benutzer von außen ■ Berechtigungskonzepte → Jeder Benutzer muss sich mit Benutzername und Kennwort anmelden ■ Passwortregelungen/ Zugangsregelungen → Diese definieren, wer ausschließlich Zugang zum Server hat ■ Kopierschutz, Codierung von Daten ■ Protokollierungssystem ■ Regelmäßige Backups ■ Virenschutz
Organisatorische Maßnahmen	■ Erarbeiten von Richtlinien, Dienstanweisungen und Verfahrensanweisungen zu Datenschutz und Datensicherheit ■ Instruktion der User und Verpflichtung auf den Datenschutz ■ Stichpunktartige Kontrolle der User ■ Implementierung von Sicherungsroutinen ■ Mitarbeiterausweise ■ Protokollierung der Zutritte und Abgänge
Bauliche Maßnahmen	■ Safes ■ Alarmanlagen
Personelle Maßnahmen	■ Kritische Mitarbeiterauswahl ■ Zugang zum Server ist nur dem Administrator und ausgewähltem Personal gestattet ■ Schulung/**Unterweisung** der Mitarbeiter zu Datenschutz und Datensicherheit **Ziele der Unterweisung**: → Sensibilisierung der Mitarbeiter durch z.B. unternehmensweite Folgen von Datenmissbrauch, Gefahrenpotenziale → Sicherheit im Umgang mit Daten vermitteln → Aufzeigen arbeitsrechtlicher Folgen für den Mitarbeiter bei Datenmissbrauch → Motivation der Mitarbeiter zur Einhaltung der Regelungen des Datenschutzes → Einhaltung der gesetzlichen Bestimmungen

Maßnahmen	Beispiele
	Mögliche inhaltliche Gliederung der Unterweisung: → Einleitung: Welche Gefahrenpotenziale gibt es? → Bewusstmachen der Gefährdungen Was kann passieren? → Folgen für Unternehmen und Mitarbeiter aufzeigen Wie kann sich das Unternehmen und wie können sich die Mitarbeiter schützen? → Hauptteil: Sensibilisierung der Mitarbeiter, Darstellung arbeitsrechtlicher Folgen, Motivation zum Einhalten der Regelungen, gemeinsam Vereinbarungen und Regeln beschließen → Abschluss: Zusammenfassung und Unterzeichnen der getroffenen Vereinbarung

? **Welche Kontrollarten zur Datensicherheit sind zu unterscheiden?**

Folgende Kontrollarten zur Datensicherheit werden unterschieden:

Kontrollarten	Erläuterung	Konkrete Maßnahmen
Zutrittskontrolle	Mit der Zutrittskontrolle soll Unbefugten die räumliche Annährung an Datenverarbeitungsanlagen verwehrt werden. Nur Befugte dürfen Zugang zu Datenverarbeitungssystemen erhalten.	**Installation eines Zutrittssystems** wie Ausweiskontrolle, Pförtner, elektronische Zutrittskontrollen, Schließanlage mit Magnetkarte und PIN
Zugangskontrolle	Mit der Zugangskontrolle soll verhindert werden, dass Unbefugte Zugang zu IT-Systemen erhalten. Durch Prüfung der Identität des Benutzers wird sichergestellt, dass ein Computer eine Kommunikation nur mit berechtigten Benutzern oder Computern erlaubt. Die Prüfung der Identität kann entweder am Anfang oder dauerhaft, während der gesamten Kommunikation, erfolgen.	**Prüfung der Identität des Benutzers** (= Authentifizierung) durch ■ Benutzername mit Passwort ■ Ausweis, Smartcard, Chipkarte ■ Biometrische Merkmale

Kontrollarten	Erläuterung	Konkrete Maßnahmen
Zugriffskontrolle	Zugriffskontrollen sollen verhindern, dass Datenverarbeitungssysteme von Unbefugten genutzt werden. Hinweis: Es muss gewährleistet werden, dass die zur Benutzung von EDV-Anlagen berechtigten Nutzer ausschließlich auf Inhalte zugreifen können für welche sie berechtigt sind und dass personenbezogene Daten bei der Verarbeitung und Nutzung und nach dem Speichern nicht unbefugt kopiert, verändert oder gelöscht werden können.	**Rechtevergabe,** wie Zugriff nur auf einzelne freigegebene Datenbereiche oder Datenfelder, Berechtigungskonzepte, Passwortregelungen, Kopierschutz, Zugriff nur von bestimmten Terminals aus, Schreib- und Löschschutzfunktionen
Weitergabekontrolle	Daten dürfen bei ihrer Weitergabe <u>nicht</u> ▪ unbefugt gelesen (Daten dürfen nur an die festgelegten Empfänger weitergegeben werden), ▪ kopiert, ▪ verändert oder ▪ entfernt werden können.	▪ Datenübertragung in verschlüsselter Form ▪ Protokollierung der Datenübermittlung ▪ Zugang zu Speichermedien nur für Berechtigte ▪ Regelungen und Verfahren zur Aktenvernichtung und Datenträgerentsorgung ▪ Technische Maßnahmen zur Netzwerksicherheit
Eingabekontrolle	Stellt nachträglich fest, ob und von wem personenbezogene Daten in Datenverarbeitungssystemen eingegeben, verändert oder entfernt worden sind.	▪ Automatische Nutzungsdokumentation ▪ Detailliertes Protokollierungssystem/ Logdateien
Auftragskontrolle	Personenbezogene Daten, die im Auftrag verarbeitet werden, dürfen nur entsprechend den Weisungen des Auftraggebers verarbeitet werden können.	▪ Stichprobenartige Kontrollen durch Auftraggeber und Auftragnehmer ▪ Programmtechnische Sperren
Verfügbarkeitskontrolle	Personenbezogene Daten müssen gegen zufällige Zerstörung oder Verlust geschützt sein.	▪ Implementierung von Datensicherungskonzepten z.B. regelmäßige Datensicherung nach festgelegtem Prinzip ▪ Unabhängige Stromversorgung
Trennungsgebot	Die zu unterschiedlichen Zwecken erhobenen Daten müssen getrennt verarbeitet werden können.	▪ Funktionale Trennung des Datenbestandes ▪ Programmseitige Möglichkeit der Selektion der Daten

Kontrollarten	Erläuterung	Konkrete Maßnahmen
Organisations-kontrolle	Die Mitarbeiter sind auf Datengeheimnisse und die Einhaltung der Verschwiegenheitsvorschriften zu verpflichten.	■ Erarbeiten von Richtlinien und Dienstanweisungen ■ Instruktion der User ■ Verpflichtung auf den Datenschutz ■ Stichpunktartige Kontrolle der User

1.1.1 Ziele, Aufgaben und Einsatzgebiete der EDV

? **Welche Ziele verfolgt der EDV-Einsatz?**

Hauptziele der EDV:

Die einzelnen Aufgabengebiete der Unternehmung durch Automatisierung und Rationalisierung zu unterstützen.

Weitere Ziele:

- Kosteneinsparung
- Zeitersparnis
- Verbesserter und beschleunigter Informationsfluss
- Beschleunigung und Verbesserung betrieblicher Abläufe und Prozesse
- Optimierung von Produkten, höhere Effektivität und Effizienz, Erschließung von Rationalisierungspotenzialen, Verbesserung der Qualität, Fehlerminimierung
- Erleichterung von Arbeitsabläufen, effektive Planung und Steuerung z.B. von Terminen und Ressourcen
- Gute Entscheidungsvorbereitung aufgrund überall und sofort erreichbarer aktueller und vernetzter Daten; verbesserte Kalkulationsgrundlagen
- Dokumentation und Kontrolle
- Entlastung der Mitarbeiter, Humanisierung der Arbeitsplätze
- Erhalten der Wettbewerbsfähigkeit
- Schnelle Reaktionsfähigkeit
- Erhöhte Flexibilität am Markt
- Fehlervermeidung
- Bewältigung großer Datenmengen

Welche Hauptaufgaben hat die EDV? ?

Die EDV hat folgende Aufgaben im Unternehmen:

- Steuerung technischer Anlagen
- Betriebswirtschaftliche Dateninformationsverarbeitung
- Unterstützung der betrieblichen Kommunikation

Welche Einsatzgebiete hat die EDV-gestützte Informationsverarbeitung? ?

Einsatz der EDV	Beispiele
... in der Verwaltung	■ Personaldaten ■ Buchhaltung ■ Betriebsmitteldaten ■ Produktdaten ■ Kostenrechnung ■ Kundendaten ■ Lieferantendaten ■ Stücklisten
... bei Planungsaufgaben	■ Absatzplan ■ Produktionsplan ■ Materialplan ■ Qualitätsplan ■ Arbeitsplan ■ Ergebnisplan ■ Liquiditätsplan ■ Projektplanung ■ Ablaufplan
... bei Dispositionsaufgaben	■ Personaleinsatz ■ Logistik ■ Materialdisposition ■ Auftragsabwicklung

Einsatz der EDV	Beispiele
... bei Steuerungsaufgaben	■ Fertigungssteuerung ■ Prozesssteuerung ■ Maschinensteuerung ■ Transportsteuerung
... bei Kontrollaufgaben	■ Qualitätskontrolle ■ Quantitätskontrolle ■ Terminkontrolle ■ Kostenkontrolle ■ Einnahmen-/Ausgabenkontrolle

1.1.2 Kosten, Nutzen und Grenzen der EDV

? **Welche Kosten sind mit dem Einsatz der EDV im Unternehmen verbunden?**

Einmalige Kosten der EDV	Laufende Kosten der EDV
■ Kosten der System-Komponenten Bsp.: Geräte (Hardware), Lizenzen für Software, Nutzungsgebühren, Kommunikationseinrichtungen für den Datenaustausch, evtl. Anschaffung einer neuen EDV-Anlage ■ EDV-Beratung und Ausschreibung des EDV-Einsatzes Bsp.: Analyse der Anforderungen an die EDV, Prozessanalyse, Erstellung eines Lasten– und Pflichtenheftes ■ Aufwand für Individualanpassungen der Software an die jeweiligen Erfordernisse des Unternehmens Bsp.: Schnittstellen zu bestehenden Systemen, Integration, Reportings, Datenschutz, Datenübernahme, neue Formulare, Optimierung	■ Betriebskosten Bsp.: Kosten durch Betrieb des Systems (PC´s und Server), wie Energie, EDV-Räume, Verbrauchsmaterial (Toner, Filter, Tinte, Papier etc.), Wartung, Beseitigung von Viren etc. ■ Supportkosten für Hard– und Software, Kosten für Hotline ■ Evtl. Personalkosten für einen Administrator oder für weiteres technisches Personal **Beachte:** Bei Auslagerung sind diese Kosten im Wartungsvertrag beinhaltet ■ Schulungen Bsp.: Laufende Weiterbildung der Anwender, Anpassungsschulungen bei Änderungen, Motivationsmaßnahmen

Einmalige Kosten der EDV	Laufende Kosten der EDV
■ Einführungsaufwand für das neue System Bsp.: Notwendige Doppelarbeit während der Übergangsphase aufgrund Parallelbetrieb des bisherigen Systems, DV-Stillstandzeiten, Störungen der täglichen Arbeit, Datenmigration ■ Schulungsaufwand für die Mitarbeiter Bsp.: Technische Mitarbeiterschulungen, Bedienung des neuen Systems ■ Reorganisationsaufwand Bsp.: Umorganisation von bisherigen Prozessen durch IT-Einsatz	■ Laufende Anpassung des EDV-Systems, Aktualisierungen Bsp.: Aktualisierungsgebühren, Anpassungen, laufende Integration mit internen und externen Anwendungen, laufende Anpassung von Geschäftsprozessen

Welchen Nutzen bietet die EDV-gestützte Informationsverarbeitung? ?

1. Automatisierung sich wiederholender Prozesse (produktiver Bereich)

   Unter Automatisierung versteht man die Übertragung von Arbeitsgängen von Menschen auf Automaten.

   Bsp.:

   Übertragung von Arbeitsgängen auf Roboter, Maschinensteuerung, Einsatz von Prozess-Rechnern, NC-Maschinen, Prozessdatenverarbeitung, Automatisierung zur Erhöhung der Effizienz und Qualität

   Ziele der Automatisierung:

   → Effizienzsteigerung
   → Verbesserung der Produktqualität
   → Beherrschung schwieriger, komplexer Aufgaben und Prozesse
   → Verbesserung der Arbeitsbedingungen
   → Schnelle und kostengünstige Anpassungsfähigkeit der Produktion an sich ändernde Marktanforderungen
   → Erzielung besserer ökonomischer Ergebnisse durch die Verringerung des Materialeinsatzes und die Erhöhung der Energieeffizienz

2. Rationalisierung von Tätigkeiten und Arbeitsabläufen im Hinblick auf Prozess– und Funktionseffizienz

Unter Rationalisierung versteht man die bessere Nutzung vorhandener Möglichkeiten und die Beseitigung betrieblicher Unwirtschaftlichkeiten zum Zwecke der Effizienzoptimierung.

Bsp.:

Erhöhung der Qualität, Verringerung der Fehlerquote, Erhöhung der Quantität, Ersetzen von menschlicher Arbeit durch schnellere oder leistungsfähigere Maschinen, Freisetzung von Arbeitskräften, Entlastung der Mitarbeiter durch elektronische Arbeitserleichterungen, bessere Vernetzung von Prozessen, Beschleunigung von Prozessen, Teilmechanisierung

3. **Entscheidungsvorbereitung** (unterstützende Funktion)

   Die effektive Analyse von Daten dient der Entscheidungsvorbereitung und damit auch der Entscheidungsfindung.

   Bsp.:

   Von überall und sofort erreichbare aktuelle Daten, Vernetzung, Möglichkeit der Sortierung und logischen Verknüpfung der eingegebenen Daten, aktuelle Kennzahlen für Auswertungen, vielfältige Darstellung aller Daten, Plausibilitätsprüfungen, Simulationsprogramme, Planungssysteme, Managementinformationssysteme

4. **Effektive betriebliche Kommunikation**

   Entscheidend ist, dass die richtigen Informationen zur rechten Zeit an die richtige Stelle gelangen.

   Bsp.:

   Bürokommunikation (MS-Office-Paket), Digitale Netze wie Telefon, Internet, E-Mail, Telefax

Ziele der EDV im Hinblick auf die betriebliche Kommunikation:

→ Verbesserung der Kommunikationsstrukturen und der Kommunikations– /Informationsflüsse im Unternehmen

→ Gewährleistung eines dauerhaften, personenunabhängigen und reibungslosen innerbetrieblichen Kommunikationsflusses

→ Effektive Grundlage für die Abstimmung und Erfüllung von Organisations– und Koordinationsaufgaben

? Welche Vorteile und welche Nachteile bietet die EDV?

Vorteile der EDV	Nachteile der EDV
■ Kostenersparnis durch Rationalisierung und Automatisierung von Massengeschäften ■ Erhöhung der Produktivität ■ Entlastung der Mitarbeiter, Arbeitserleichterung ■ Zeitersparnis durch Beschleunigung, Standardisierung und Erleichterung von Arbeitsabläufen und durch einen schnelleren Informationsaustausch	■ Fehleranfälligkeit ■ Ausfall von EDV-Systemkomponenten durch Bedienungsfehler oder durch technische Probleme, Absturz des Systems ■ Möglicher Datenmissbrauch durch Manipulation und Sabotage ■ Abhängigkeit von den EDV-Systemen ■ Angst der EDV-Anwender, dass sie wegrationalisiert werden

Vorteile der EDV	Nachteile der EDV
■ Nutzbar zu jeder Tages- und Nachtzeit, von überall und sofort erreichbare aktuelle und vernetzte Daten ■ Global nutzbar ■ Optimierung von Produkten, Produktverbesserung ■ Fehlerminimierung ■ Automatische Dokumentation und Nachvollziehbarkeit ■ Steigerung der Kundenzufriedenheit durch bessere und schnellere Lieferung ■ Bessere Verknüpfung aller Personaldaten und der betrieblichen Prozesse, mit der Folge der Steigerung der Prozesseffektivität ■ Höhere Wettbewerbsfähigkeit ■ Grafische Aufbereitung von Informationen	■ Anfällig bei Naturgewalten ■ Langsame und/oder unzureichende Arbeitsabwicklung aufgrund ungeeigneter Auswahl der Hard- oder Software Bsp.: unzureichender Funktionsumfang der Software ■ Anforderungen an die Mitarbeiter verändern sich; Mitarbeiter müssen sich auf neue Arbeitsumgebungen und Themen einstellen

Welche Grenzen haben EDV-Systeme? ?

EDV-Systeme können den Menschen dann nicht ersetzen, wenn ...

- Kreativität und Ideen gefordert sind
- Entscheidungen getroffen werden müssen
- Kunden persönlich betreut werden sollen
- Maschinen konstruiert, programmiert, eingerichtet, gewartet und überwacht werden müssen

BEACHTE

EDV-Systeme sind Werkzeuge in der Hand des Menschen, aber niemals vollständiger Ersatz für Menschen.

1.1.3 Organisationsstrukturen der EDV

? Wie kann der EDV-Einsatz organisiert werden?

1. Interne Organisation des EDV-Einsatzes,
   d.h., das Unternehmen hat eine eigene IT-Abteilung, welche die EDV-Leistungen anbietet

2. Externe Organisation des EDV-Einsatzes,
   d.h., Outsourcing der EDV, Fremddienstleister, externe Dienstleister

? Welche Aufgaben hat die EDV-Abteilung (bzw. der externe Dienstleister bzw. evtl. der Administrator)?

Ein modernes Unternehmen kann auf eine funktionierende interne IT-Infrastruktur nicht verzichten. Um diese zu verwalten, ist ein System-Administrator notwendig.

Die EDV-Abteilung/der externe Dienstleister/der Administrator (lat. administrare = verwalten) verwirklicht und koordiniert folgende Aufgaben in verschiedenen Bereichen:

- Bereitstellung und Aufrechterhaltung der notwendigen Rechner-Infrastruktur (Hardware, Software, Netzwerk)
- Sicherstellung der Betriebsbereitschaft der EDV-Systeme für einen reibungslosen Arbeitsablauf
- Beratung der Unternehmensleitung in IT-Fragen und bei der Neubeschaffung von Soft-/Hardware
- Unterstützung der Fachabteilungen bei der Optimierung IT-gestützter Abläufe
- Testen neuer Soft- und Hardware, Neubeschaffung und Verwaltung der EDV-Anlage
- Installation, Wartungs- und Unterstützungsarbeiten der Hard- und Software
- Support
- Fehlerbehebung und Überwachung der Systemleistung
- Administrieren der Zugriffsrechte in Netzwerken
- Planen, installieren und pflegen der IT-Strukturen im Unternehmen
- Customizing

  Unter Customizing versteht man die Anpassung der Software an die konkreten Anforderungen des Unternehmens.
- Abschluss von Wartungsverträgen

  Möglicher **Inhalt** von Wartungsverträgen:

  → Support

  → Hotline (= telefonischer Auskunfts- und Beratungsdienst)

  → Customizing

→ Reparatur

- Erwerb von Softwarelizenzen

  Unter Softwarelizenzen versteht man zeitlich begrenzte oder unbegrenzte Nutzungsrechte an der entsprechenden Software.

  Hierbei werden folgende Softwarelizenzen unterschieden:

  → Freie Softwarelizenzen/Open Source Software ermöglichen eine kostenlose Nutzung.

  → Proprietäre (= unfreie) Lizenzen/ Lizenzsoftware kosten eine Gebühr. Hierbei sind Veränderungen an der Software nicht erlaubt.

  → Freeware: Kostenlose proprietäre Software.

  → Shareware: Hier kann die jeweilige Software –unter gewissen Einschränkungen– vor dem Kauf einige Zeit unentgeltlich genutzt und getestet werden. Erst danach wird eine Lizenzgebühr fällig, die allerdings meistens geringer ist als bei Lizenz-Software.

- Gewährleistung der Datensicherheit und des Datenschutzes

  z.B. durch Durchführen einer regelmäßigen Datensicherung, Absicherung des Systems gegen technische Störungen und andere Sicherheitsrisiken

- Entsorgung des Elektronikschrotts

Was versteht man unter Support und Hotline? ?

Support	to support (engl.) = unterstützen Unter Support versteht man eine **problemorientierte Beratungstätigkeit/ Dienstleistung** nach dem Kauf. Der Hersteller gewährt bei Hard- bzw. Softwarelieferungen die Unterstützung der Anwender beim EDV-Einsatz, z.B. bei Fragen zur Funktionsweise der Software, Installation und Einrichtung der Software, Einweisung in die Software, Aktualisierung und Wartung der Hard- und Software, Möglichkeit von Schulungen. **Ziel des Supports:** Bearbeitung und Lösung von Supportanfragen interner oder externer Kunden. **Beachte:** Supportleistungen halten die Funktionsfähigkeiten des EDV-Systems aufrecht, denn EDV-Systeme sind sehr komplex und die Anwender können sich oft nicht selbst helfen. **Support-Kommunikation erfolgt mittels ...** ▪ E-Mail ▪ Telefon/Bildtelefon ▪ Fernwartung ▪ CD-ROM, DVD, USB-Stick ▪ Internet-Zugriff/Download ▪ Kundendienst vor Ort etc.

	Wie kann Support gewährt werden? 1. **Support im Rahmen der gesetzlichen Gewährleistungsfrist** Die gesetzliche Gewährleistungsfrist beträgt 2 Jahre ab Kaufdatum. Innerhalb dieser Frist kann der Käufer Mängel der Ware - soweit diese bereits beim Kauf der Ware existierten – beanstanden und Nachbesserung oder Umtausch verlangen. Der Käufer muss die Mängelbeseitigung im Rahmen der Gewährleistung ohne zusätzliche Kosten bekommen. 2. **Support als kostenlose Serviceleistung** 3. **Support als bezahlte Serviceleistung** im Rahmen eines Supportvertrages **Hinweis:** Was durch den Support abgedeckt ist, bestimmt der Supportvertrag.
Hotline	Hotline (engl.) bedeutet wörtlich „heißer Draht". Als Hotline wird ein **telefonischer Auskunfts- und Beratungsdienst** bezeichnet. Der Kunde hat die Möglichkeit, telefonisch (Beachte: Anfragen können auch per E-Mail, Fax oder Brief gestellt werden) Hilfestellungen bei Fragen und Problemen zu den erworbenen Produkten, direkt durch einen Experten des Herstellers, zu erhalten, mit dem Ziel, eine sofortige Problemlösung zu erreichen. → Die Hotline ist eine besondere Form des Supports. **Mögliche Formen der Hotline:** ■ **Inbound**-Callcenter In dieser Form werden Anrufe der Kunden entgegengenommen. Z.B. Kunde gibt Bestellungen auf, fordert Informationen an, meldet Störungen, beschwert sich, reklamiert, stellt allgemeine Service-Fragen zum Produkt ■ **Outbound**-Callcenter Hier erfolgt der Anruf vom Unternehmen zum Kunden: Bestandskunden und potentielle Kunden werden gezielt angerufen. Z.B. Akquise, Meinungsumfragen zur Kundenzufriedenheit, Kundenrückgewinnung, Pre- und After Sale Call Der Beratungsdienst via Hotline ist oftmals kostenpflichtig. Die **Abrechnung** erfolgt dann ... ■ pauschal über einen Hotlinevertrag, ■ nach Telefoneinheiten oder ■ über eine kostenpflichtige Rufnummer.

? **Welche Vor– und Nachteile bietet das Outsourcing von EDV-Leistungen?**

DEFINITION EDV-OUTSOURCING

EDV-Outsourcing bezeichnet die Auslagerung von zuvor firmenintern erbrachten Dienstleistungen an Dritte und zwar an spezialisierte EDV-Unternehmen.

Vorteile des EDV-Outsourcing	Nachteile des EDV-Outsourcing
■ Höhere Flexibilität und Konzentration auf das eigentliche Kerngeschäft ■ Kostenersparnis ... → durch Reduktion der Investitionen für Betriebsmittel → durch Wegfall notwendiger Schulungen für eigene Mitarbeiter → aufgrund steuerlicher Vorteile des Fremdbezugs ■ Ausfallrisiko trägt der Dienstleister ■ Gleichmäßige Serviceverfügbarkeit ■ Feste Jahrespauschale erleichtert die Kostenkalkulation ■ Hohe Qualität und Effizienz, aufgrund der Spezialisierung des Anbieters	■ Langfristige Abhängigkeiten ■ Know-how-Verluste ■ Verdeckte administrative Kosten ■ Eingeschränkte Flexibilität ■ Evtl. schlechteres Betriebsklima, wenn Mitarbeiter ihren Arbeitsplatz durch das Outsourcing bedroht sehen ■ Evtl. Datenschutzprobleme durch weiteren Datenaustausch ■ Der Dienstleister erhält Einblick in sensible Firmendaten

Wie können EDV-Systeme eingeteilt werden? ?

EDV-Systeme können in Hardware und Software **eingeteilt werden:**

Hardware	Unter Hardware versteht man die Gesamtheit der **technischen Bestandteile** eines Computers/eines technischen Systems, die physisch vorhanden sind, also alle gegenständlichen Einrichtungen sowie alle fest geschalteten Funktionen. Bsp.: Rechner, Server, Hauptplatine, Mikroprozessor (CPU), Arbeitsspeicher, Festplattenspeicher, CD-Rom-Laufwerk, Gehäuse mit Netzteil, Grafikprozessor, Grafikspeicher, Ein- und Ausgabegeräte, Tastatur, Maus, Monitor, Drucker, Scanner etc. **Hardware lässt sich unterteilen in** ■ **Rechnerklassen** wie Großrechner, PC´s **und** ■ **Netzwerkarchitekturen** wie Nahnetze (lokal area network LAN) und Fernnetze (wide area network WAN).
Software	Unter Software versteht man die Gesamtheit aller **Programme**, die auf einem Computer oder einem anderen Gerät mit steuerbaren Schaltkreisen eingesetzt werden können, also alle nicht gegenständlichen Bestandteile eines Computersystems. Hierbei werden **Anwendungssoftware und Systemsoftware** unterschieden.

Bei der Software werden folgende zwei Hauptgruppen unterschieden: Anwendungssoftware und Systemsoftware

Anwendungssoftware		Systemsoftware	
Unter Anwendungssoftware versteht man Computerprogramme, **die eine für den Anwender nützliche Funktion ausführen.**		Die Systemsoftware weist eine **größere Nähe zur Hardware** auf. Sie soll die Hardware von der jeweiligen Anwendung unabhängig und leichter handhabbar machen.	
Bsp.: Bildbearbeitungsprogramm, Textverarbeitungsprogramm, Grafikbearbeitungsprogramm, Tabellenkalkulationsprogramm, Finanzbuchhaltungsprogramm, Informationssysteme		Bsp.: Betriebssystem, Datenbanksysteme, Datensicherungsprogramme, Netzwerksoftware, Softwareentwicklungssysteme	
Individualsoftware/ Individualanwendungssoftware	**Standardsoftware/ Standardanwendungssoftware**	**Individualsystemsoftware**	**Standardsystemsoftware**
Bei der Individualsoftware wird die Software **speziell für den einzelnen Kunden**, nach seinen Anforderungen, **maßgeschneidert angefertigt**.	Bei der Standardsoftware wird die Software **für eine große Anzahl potenzieller Kunden („anonymer Markt") vorgefertigt**. Sie deckt einen klar definierten Anwendungsbereich ab.	Die Individualsystemsoftware enthält **Sonderfälle**, wie z.B. eigenentwickelte Datenbanken.	Zur Standardsystemsoftware zählen o.g. Beispiele.

? Nach welchen Kriterien lassen sich Hardware-Komponenten unterscheiden und beurteilen?

- Preis
- Verarbeitungsbreite
- Verarbeitungsleistung
- Kapazität des Arbeitsspeichers
- Anzahl und Art der Prozessoren
- Anzahl Schnittstellen
- Kompatibilität
- Zuverlässigkeit
- Bedienbarkeit
- Installierbarkeit
- Änderbarkeit
- Lebensdauer
- Materialien
- Größe

1.1.4 Prozessabläufe und betriebliche Problemstellungen

DEFINITION PROZESS

Unter einem Prozess versteht man einen zielgerichteten zeitlichen und logischen Ablauf von Aktivitäten und/oder Zuständen, welcher durch ein definiertes Startereignis (→ Input) ausgelöst wurde und in ein Ergebnis/ Endzustand (→ Output) mündet.
Der Prozess dient dazu, einen Wert für den Kunden zu schaffen.

Betriebliche Prozesse sind miteinander verknüpft und bilden Wertschöpfungsketten bzw. Wertketten.

DEFINITION WERTSCHÖPFUNGSKETTE

Unter einer Wertschöpfungskette versteht man die Stufen des Prozesses, vom Ausgangsmaterial bis zur Verwendung durch den Kunden, also die Aneinanderreihung aller Tätigkeiten, die zur Herstellung eines Produktes oder einer Dienstleistung erbracht werden.

Betriebliche Prozesse werden in Kern(geschäfts)prozesse und Unterstützungsprozesse eingeteilt. Diese werden im Folgenden erläutert:

Betriebliche Prozesse	Erläuterung	Beispiele
Kern(geschäfts)-prozesse (= Hauptprozesse oder Schlüsselprozesse)	Kern(geschäfts)prozesse beschreiben unmittelbare **wertschöpfende Abläufe** mit direktem Bezug zum Kunden (→ **Hauptleistung**). Es wird eine messbare kundenbezogene Leistung erbracht, d.h., ein Kundenwunsch wird direkt erfüllt. Kernprozesse sind erfolgskritisch und haben einen hohen Anteil an der Wertschöpfung. Kernprozesse sind immer branchenspezifisch und häufig auch unternehmensspezifisch. Bsp.: Wertschöpfungskette im Vertrieb: Anfrage-/Angebotsbearbeitung → Auftragsabwicklung → Einkauf und Lager → Fertigung → Lieferung	Wareneingang, Produktion, Warenausgang, Vertrieb, Auftragsannahme, Versand, Entwicklung

Betriebliche Prozesse	Erläuterung	Beispiele
Unterstützungs-prozesse (= Hilfsprozesse oder Serviceprozesse)	Unterstützungsprozesse sind für die **Unterstützung der Kernprozesse** unerlässlich. Sie gewährleisten ein optimales Funktionieren der Kernprozesse. Unterstützende Prozesse bringen jedoch selbst keinen Kundennutzen und tragen daher auch nicht direkt zur Wertschöpfung bei. Kurz gesagt: Unterstützende Prozesse sind nicht wertschöpfend, aber notwendig.	EDV, Personalwesen, Wartung der Maschinen und Einrichtungen, Buchhaltung, Technik, Controlling, Qualitätsmanagement

Prozessaufbau:

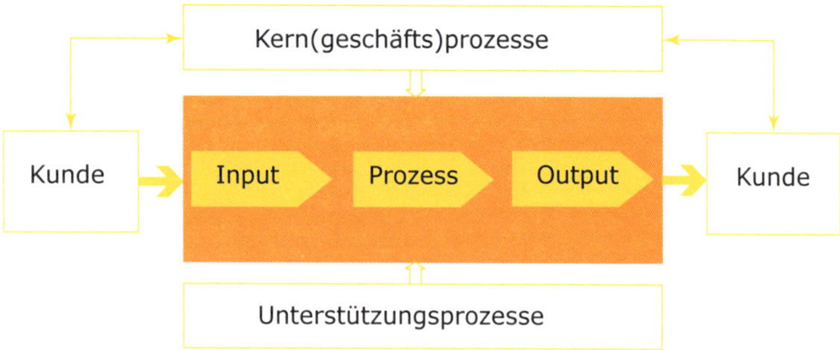

Beschreibung:

- Der **Input** löst den Prozess aus

  → Das Ergebnis/der Output eines Prozesses, liefert den Input für den nächsten Prozess

  Bsp.: Ein Kundenauftrag geht ein, Beginn der Auftragsdurchführung, Informationen

- Der **Output** des Prozesses besteht darin, dass sich die in dem Prozess erzeugten oder veränderten Objekte in dem vorgesehenen Bearbeitungszustand befinden

  → Ergebnis, Wertzuwachs

  Bsp.: Fertigung des Produktes ist abgeschlossen, Dienstleistung wurde durchgeführt, Produkt ist versandfertig

Was versteht man unter Computer Integrated Manufacturing CIM? ?

Unter Computer Integrated Manufacturing (= computergestützte integrierte Produktion/ Fertigung) versteht man den integrierten EDV-Einsatz in allen mit der betrieblichen Wertschöpfung befassten Unternehmensbereichen,

d.h. die Integration aller am Produktionsprozess beteiligten Prozesse - vom Eingang über die Fertigung bis zum Warenausgang - und deren elektronische Verknüpfung.

Hauptideen des CIM:

- Ganzheitliche Betrachtung der Leistungserstellungsprozesse eines Unternehmens
- Unterstützung der am Produktionsprozess beteiligten Prozesse durch integrierte IT-Systeme
- Durchgängige rechnerunterstützte Informationsverarbeitung
- Verknüpfung technischer und kaufmännischer Prozesse
- Datenbestände werden zentral in Datenbanken gespeichert

Ziele des CIM:

- Computergestützte integrierte Fertigung auf Grundlage einer funktionsbereichsübergreifenden zentralen Datenbasis
- Erhöhung der Effizienz und der Qualität der Prozesse

Bestandteile des CIM:

- CAD Computer Aided Design
  = rechnergestützte Konstruktion
  → direkter oder indirekter Einsatz von Computern bei der Entwicklung oder Konstruktion (technische Berechnungen, Zeichnungen)
- CAP Computer Aided Planning
  = rechnergestützte Arbeitsplanung
  → Planung und Vorbereitung des Fertigungsprozesses (Festlegung der Arbeitsgänge und Arbeitsfolgen)
- CAQ Computer Aided Quality
  = rechnergestützte Qualitätssicherung
  → Erstellung von Prüfplänen, Prüfprogrammen, Kontrollwerten, Qualitätskontrollen
- CAM Computer Aided Manufacturing
  = rechnergestützte Fertigungsdurchführung durch CNC-Maschinen und Industrieroboter
- PPS Produktionsplanung und -steuerung
  → Computergestützte Planung, Steuerung und Überwachung von Produktionsabläufen wie Ermittlung von Terminen, Mengen und Kapazitäten, Überwachung des Fertigungsfortschritts, Eingreifen bei Störungen
- BDE Betriebsdatenerfassung
  → Erfassen, Verarbeiten sowie zeit- und ereignisnahes Kommunizieren von Fertigungs- und Betriebsdaten, die im Rahmen der betrieblichen Leistungserstellung anfallen

1.2 Prozessaufbereitung

Die Anwendung von EDV ermöglicht eine Rationalisierung der Arbeitsprozesse, führt zur besseren Vernetzung von Prozessen und nimmt den Mitarbeitern viele Routineaufgaben ab. Allerdings muss auch die EDV möglichst perfekt auf die Erfordernisse des Unternehmens abgestimmt werden, damit die Vorteile des EDV-Einsatzes überwiegen.

1.2.1 Beschreibung der Rahmenbedingungen

? **Welche Anforderungen werden an die eingesetzte Hardware und Software - für jeden Prozess - gestellt?**

Folgende Anforderungen werden an die eingesetzte Hard- und Software gestellt:

- Erfüllung der Leistungsanforderungen laut Soll-Analyse, Eignung für die Aufgaben des Nutzers
- Kompatibilität mit den vorhandenen Soft– und Hardware-Systemen und den schon geplanten, neu hinzukommenden Systemen, Altdatenübernahme, Schnittstellenlösungen
- Korrekte Ergebnisse
- Stabilität der Software
- Erwartete Geschwindigkeit
- Anpassungsfähigkeit an Veränderungen, z.B. an gesetzliche Änderungen
- Kosten der Software, der Lizenzen und des Supports
- Netzwerkfähigkeit
- Anwenderfreundlichkeit
- Ergonomische Gesichtspunkte
- Verständlichkeit und Qualität der Online-Hilfe sowie der Dokumentation der Software
- Verfügbarkeit, Lieferzeit und Zeitrahmen der Implementierung
- Aufwand von Installation, Einarbeitung, Schulung
- Intensität von Pflege und Wartung
- Serviceleistungen (wie Online-Support, Lernsoftware etc.)
- Einhaltung des Datenschutzes und der Datensicherheit

1.2.2 Analyse der Rahmenbedingungen

Welche typischen Phasen werden bei der Auswahl und Einführung von Software und Hardware durchlaufen? ?

Phasen eines IT-Projektes:

1. Vorplanungsphase

- Ist-Analyse
  - → Dokumentation der geplanten Einsatzprozesse
  - → Stärken-/Schwächenanalyse der bisherigen Arbeit → Analysieren und dokumentieren der aktuellen Probleme, der Schwachstellen, sowie der betrieblichen Abläufe
  - → Analyse des aktuellen Zustands der EDV im ausgewählten Bereich; Darstellung der bisherigen Datenstruktur, der bisher eingesetzten Software, Hardware, Netzwerke und Schnittstellen; Darstellung der eingesetzten Betriebssysteme
  - → Beschreibung der Datenmengen, der Datenformate und des Datenflusses
  - → Konzept zur Datenübertragung in das neue EDV-System
    - Kann die vorhandene EDV künftig in die neue EDV einbezogen werden?
    - Wie können die Daten in das neue EDV-System überführt werden?
- Soll-Analyse/Erarbeiten eines Anforderungskonzeptes
  - → Analyse der Anforderungen an die Software/Hardware → „Welche konkreten Anforderungen hat das Unternehmen an die EDV?"
  - → Gewichten der Anforderungswünsche nach Prioritäten
  - → Prüfen, ob das Verhältnis von Aufwand und Nutzen passt
- Ergebnis

  Der Soll-Ist-Vergleich ergibt ein EDV-Konzept mit einem detaillierten Katalog von Anforderungskriterien an die zu beschaffende Software und Hardware

BEACHTE

- Der Betriebsrat hat bei der Einführung neuer EDV-Systeme Unterrichtungs- und Beratungsrechte nach § 90 BetrVG
- Der Datenschutzbeauftragte sollte in die Auswahl und Einführung von EDV-Systemen miteinbezogen werden
- Information der Mitarbeiter über die geplanten Neuerungen, denn die Mitarbeiter sind wesentlicher Bestandteil der erfolgreichen Umsetzung des IT-Projektes

2. Entscheidungsphase: Vertrag sowie Lasten- und Pflichtenheft

- Ausschreibung: Einholen der Angebote
- Vergleichbarkeit der Ausschreibungsangebote z.B. durch die Verwendung eines Lastenheftes durch den Auftraggeber bei der Ausschreibung
- Auswerten der Ausschreibung
- Angebotsgespräche mit den möglichen Anbietern führen, die zu den Anforderungswünschen passen
- Vertragsverhandlungen,
  insbesondere Vereinbarung überprüfbarer Leistungsvereinbarungen (= Pflichtenheft) mit dem Anbieter treffen, Preisverhandlungen
- Vertragsabschluss mit Pflichtenheft
  - → Anforderungen und Funktionen, Einsatzgebiet
  - → Datenmodell, Informationsfluss, Ergonomie, Datenschutz
  - → Lieferumfang, Termine, Ansprechpartner

↓

3. Realisierungsphase

- Umsetzung der Planung in ein funktionsfähiges EDV-System
- Programmierung und Dokumentation der Software
- Installation der Software, Durchführung von Tests
- Einführung notwendiger Änderungen in der Organisation von Arbeitsabläufen
- Einführung und Durchführung von Software-Anwenderschulungen
- Regelung von Support und Wartungsverträgen

↓

4. Kontrollphase

- Überprüfen, ob das Versprochene auch eingehalten wurde
- Ggf. Updates installieren

1.2.2.1 Lastenheft

DEFINITION LASTENHEFT

Laut DIN 69901 beschreibt das Lastenheft die „vom Auftraggeber festgelegte Gesamtheit der Forderungen des Auftraggebers an die Lieferungen und Leistungen eines Auftragnehmers" (= **Zusammenstellung aller Anforderungen aus Anwendersicht**).

→ Es wird vom **Auftraggeber** erstellt.

→ **Es definiert, WAS und WOFÜR etwas gemacht werden soll.**

Hinweis:
Das Lastenheft wird auch bezeichnet als Anforderungsspezifikation, Anforderungskatalog, Produktskizze, Kundenspezifikation, Leistungsverzeichnis.

Welche typischen Inhalte regelt das Lastenheft? ?

Typische Inhalte eines Lastenhefts:

- Projekteinführung
  wie Veranlassung, Zielsetzungen, Projektumfeld, Eckdaten
- Aktueller Ist-Zustand/Ausgangssituation
  wie Organisation, Abläufe, Datendarstellung, technischer Prozess, Automatisierungssystem
  → Worauf soll das Gesamtvorhaben aufsetzen und welche Voraussetzungen sind schon gegeben?
- Gewünschter Sollzustand
  wie Aufgabenbeschreibung, Ablaufbeschreibung, Aufgabengliederung, Daten- und Mengendarstellung
  → Dieser beschreibt die Zielsetzung des Gesamtvorhabens, also was soll das Produkt nach Fertigstellung beinhalten.
- Definition von Zuständigkeiten und Schnittstellen
  → Wer ist in dem Projekt für welche Bereiche zuständig und wo treffen diese Zuständigkeiten aufeinander?
- Anforderungen an die Systemtechnik
  z.B. Hard- und Software
- Anforderungen an Inbetriebnahme und Einsatz
  wie Dokumentation, Betriebsablauf, Schulung, Instandhaltung/Softwarepflege, Montage/Installation, Inbetriebnahme
- Anforderungen an die Qualität
  wie Hardware, Software, Qualitätsmerkmale, Qualitätssicherung
- Anforderungen an die Projektentwicklung
  wie zeitliche Vorgaben, Projektorganisation, Projektdurchführung und Meilensteine

? **Welche Vor- und Nachteile hat ein Lastenheft?**

Vorteile des Lastenhefts	Nachteile des Lastenhefts
■ Vollständige, systematische Erfassung aller Anforderungen ■ Einheitliche Vorgabe für alle am Entwicklungsprozess Beteiligten ■ Systematische Dokumentation der Vorgaben und dadurch Minimierung von Missverständnissen und Versäumnissen ■ Sehr gute Grundlage für das Pflichtenheft, da die Punkte aus Kundensicht bereits geklärt und spezifiziert sind	■ Bei Ersterstellung hoher Aufwand ■ Keine Standardisierung möglich → lohnt sich nur für größere Projekte ■ Ständige Anpassung an den dynamisch fortschreitenden Erkenntnisstand

1.2.2.2 Pflichtenheft

DEFINITION PFLICHTENHEFT

Laut DIN 69901 umfasst das Pflichtenheft die „vom Auftragnehmer erarbeiteten Realisierungsvorgaben aufgrund der Umsetzung des vom Auftraggeber vorgegebenen Lastenhefts".

Nach VDI-Richtlinie 2519 ist das Pflichtenheft die **Beschreibung der Realisierung aller Kundenanforderungen, die im Lastenheft gefordert werden.**

→ Es wird vom **Auftragnehmer** erstellt.

→ **Es definiert, WIE und WOMIT die Anforderungen realisiert werden sollen.**

Das Pflichtenheft dient als verbindliche Grundlage für die Auswahl z.B. des EDV-Systems und des zu schließenden Vertrages.

Welche typischen Inhalte regelt das Pflichtenheft? ?

Typische Inhalte eines Pflichtenhefts:

Anforderungen des Produktes/ Zielbestimmungen	Definition der Zielsetzung aus Anwendersicht, sowie Beschreibung der Anforderungen (Soll-Konzept): ■ Musskriterien „Welche Leistungen sind für das Produkt unabdingbar, müssen also in jedem Fall erfüllt werden?" ■ Wunschkriterien „Welche Leistungen sind erstrebenswert?" ■ Abgrenzungskriterien „Welche Ziele und Kriterien sollen bewusst nicht erreicht werden?"
Produkteinsatz	■ **Anwendungsbereiche**: „Was soll mit dem Produkt gemacht werden?" „Zu welchem Zweck wird das Produkt eingesetzt?" Plattformen, Darstellung auf Endgeräten ■ **Zielgruppen**: „Von wem soll das Produkt eingesetzt werden?" „Ist der Anwender Laie oder Profi?" Zugang, Zugangsbeschränkung, Schulung ■ **Betriebsbedingungen**: „Unter welchen Betriebsbedingungen soll das Produkt später laufen?" Physikalische Umgebung des Systems, tägliche Betriebszeit, Aufsicht
Produktfunktionen	Genaue und detaillierte Beschreibung der einzelnen Produktfunktionen. „Was leistet das Produkt aus Benutzersicht?"
Produktumgebung	Beschreibung der technischen Produktumgebung und der Anforderungen an die Entwicklungsumgebung. ■ Software „Welche Software-Systeme sollen zur Verfügung stehen?" ■ Hardware „Welche Hardware-Komponenten werden benötigt?" ■ Orgware „Welche organisatorischen Rahmenbedingungen müssen erfüllt sein, bzw. sind notwendig, um die Projektziele zu erreichen?", z.B. Benutzerhandbücher, Konzepte für IT-Projekte und Sicherheitsanforderungen ■ Produktschnittstellen, Entwicklungsschnittstellen
Produktdaten	„Was speichert das Produkt (langfristig) aus Benutzersicht?" ■ Darstellung der bestehenden und der zu erstellenden Daten wie Datenstruktur-, Datenmengen– und Datensicherheitsbeschreibungen ■ Übersicht der wichtigsten Daten

Produktleistungen	„Welche zeit– und umfangsbezogenen Anforderungen gibt es?“ ■ Zuverlässigkeit ■ Datenumfang ■ Gütekriterium ■ Termine: Endtermin und Meilensteine „Wann sind welche Vorergebnisse fertigzustellen?“ ■ Wer ist der Ansprechpartner, wenn Fragen auftreten ■ Bericht von/an wen
Vereinbarungen	■ Dokumentation des Prozesses/des Fortschritts ■ Schulung ■ Service, Wartungsvertrag
Anhang	■ Gesetze, Normen, Richtlinien ■ Begriffe, Definitionen, Abkürzungen

? Welche Vor- und Nachteile hat ein Pflichtenheft?

Vorteile des Pflichtenhefts	Nachteile des Pflichtenhefts
■ Das Pflichtenheft ist als Teil des Auftrages definiert, wodurch alle Leistungspunkte klar festgeschrieben sind ■ Der Vergleich von Anbietern ist auf der Grundlage des Pflichtenheftes möglich ■ Minimierung von Missverständnissen, denn das Pflichtenheft spiegelt die Vorstellungen des Auftraggebers schriftlich wieder ■ Systematische Dokumentation ■ Verkürzte Entwicklungszeiten, denn das Pflichtenheft spiegelt das Projektziel genau wieder, dadurch ist es dem Lieferant möglich, fokussiert das Projekt abzuwickeln	■ Hoher Aufwand ■ Koordination aller Bereiche erforderlich ■ Keine bzw. kaum Standardisierung möglich

? Wie ist der weitere Ablauf nach der Erstellung des Pflichtenhefts?

Nach der Erstellung des Pflichtenhefts durch den Auftragnehmer auf Grundlage des Lastenhefts, wird das Pflichtenheft einer internen Prüfung unterzogen. Anschließend erfolgt die Abnahme und Freigabe des Pflichtenhefts durch den Auftraggeber. Durch die Freigabe wird das Pflichtenheft verbindlich und stellt die offizielle Grundlage für den weiteren Ablauf dar.

1.3 Daten eines Prozesses

Um EDV-Systeme erfolgreich einsetzen zu können, müssen die Prozesse und Prozessdaten erfasst, verarbeitet, visualisiert und dokumentiert sein.

DEFINITION PROZESSDATEN

Unter Prozessdaten versteht man alle Daten, die durch einen Prozess gewonnen werden.

Beispiele für Prozessdaten, die im Betrieb mithilfe des EDV-Systems erfasst, verwaltet und bearbeitet werden:

- E-Mails,
- Termine,
- Aufgaben,
- Grafiken,
- Dokumente aus Textverarbeitung und Tabellenkalkulation,
- CAD-Zeichnungen,
- Mess– und Produktionsdaten,
- Dokumentationen,
- Multimediadaten etc.

1.3.1 Datenerfassung

DEFINITION DATENERFASSUNG

Datenerfassung ist das Umsetzen von Daten in maschinell lesbare Form zur Eingabe in eine Datenverarbeitungsanlage.

= Betriebsdatenerfassung BDE

Möglichkeiten, Daten eines Prozesses zu erfassen:

1. Manuelle Datenerfassung
   Im Rahmen der manuellen Datenerfassung nehmen geschulte Mitarbeiter die Daten rein manuell, also per Hand am PC, von einer analogen oder digitalen Vorlage oder von einer Audioaufzeichnung, auf.

Manuelle Datenerfassung mittels Eingabegeräten wie PC-Tastatur (Ablesen und Eingabe per Tastatur), Touchscreen (Auswahl vorgegebener Optionen am Touchscreen), Digitalisiergerät, Spracheingabe, Scanner
Vorteile:

Erfassung von Belegen/Formularen, die schwer lesbar, handschriftlich ausgefüllt oder längere handschriftliche Fließtexte enthalten; Datenqualität steigt

Nachteile:

nicht automatisierbar; langsam

Aber, die Datenerfassung kann mithilfe von ergonomisch aufgebauten Eingabemasken vereinfacht und effizienter werden.

2. Lesegeräte

→ **Barcodescanner für Barcodekarten/-etiketten**

Barcodescanner sind Geräte zum maschinellen Einlesen von Strichcodes. Sie arbeiten mit einem optischen Verfahren, dass die Oberfläche mit Licht (LED oder Laser) abtastet.

Vorteile:

schnelle Datenerfassung und Dateneingabe; Erhöhung der Produktivität; geringe Kosten für die Barcodeetiketten; weltweit genormte Standards

Nachteile:

Barcodes können jedoch schnell verschmutzen oder sogar leicht zerstört werden; große Entfernungen erschweren das Einscannen von Barcodes; Sichtverbindung zum Strichcode ist Voraussetzung, um mit Handscannern gelesen werden zu können; Position des Barcodes muss definiert sein, um maschinell zu funktionieren

→ **Magnetstreifen für Magnet– oder Chipkarten**

Ein Magnetstreifen ist ein Streifen, der mit einem magnetischen Metalloxid überzogen ist, der sich üblicherweise auf der Rückseite einer Karte befindet. Mit einem Kartenlesegerät können Daten vom Magnetstreifen ausgelesen werden.

Vorteile:

Programmierung jederzeit veränderbar und erweiterbar; kostengünstig; klein, transportabel

Nachteile:

Sicherheitsaspekt wie Missbrauch bei Verlust oder Diebstahl der Karte; geringe Ausleseentfernung

→ **Stempelgeräte für Stempelkarten**

→ **RFID**

= „radio-frequency identification" – Identifizierung mit Hilfe von elektromagnetischen Wellen
Ein RFID-System besteht aus einem Transponder (umgangssprachlich auch **Funketikett** genannt), der sich am oder im Gegenstand oder Lebewesen befindet und einen kennzeichnenden Code enthält, sowie einem Lesegerät zum Auslesen dieser Kennung.

Vorteile:

geringe Kosten für den Transponder; stets bekannt, welche Artikel sich wo befinden (→ Inventur wird einfacher); hohe Nach- und Rückverfolgbarkeit

Nachteile:

hohe Kosten für Hardware, Software und Anpassung der Infrastruktur; Hacker-Angriffe und Ausspähen von Daten möglich; Funkverkehr kann abgefangen oder gestört werden; Datenschutz ist schwer zu gewährleisten

3. Automatische technische Datenerfassungsprogramme

   z.B. **Zählung durch Lichtschranken, Aufnahme von Messwerten und Produktionsdaten**

   → **Sensoren**

   Ein Sensor, auch Detektor, Aufnehmer oder (Mess-)Fühler genannt, ist ein technisches Bauteil, das bestimmte physikalische oder chemische Eigenschaften (wie Wärmestrahlung, Temperatur, Feuchtigkeit, Druck, Schall, Helligkeit oder Beschleunigung) und/oder die stoffliche Beschaffenheit seiner Umgebung qualitativ oder als Messgröße quantitativ erfassen kann. Sensoren beruhen z.B. auf magnetischer Induktion, Kontakt– oder Strahlungsthermometrie.

   → **Aktoren**

   Ein Aktor (= Wandler) setzt die elektronischen Signale in mechanische Bewegung oder andere physikalische Größen um.
   Bsp.: Laserstrahl, Taster, Transistoren

Welche Anforderungen sind an das System zur Datenerfassung zu stellen? ?

Die Erfassung von Daten ist sehr aufwändig. Um Kosten und Zeit zu sparen, sollte daher das System zur Datenerfassung folgenden Anforderungen entsprechen:

- Erfassungsgenauigkeit des Systems
- Stabilität des Systems
- Anwenderfreundlichkeit, ergonomische Handhabung, einfache Benutzung des Systems
- Leistungsfähigkeit des Systems
- Kompatibilität des Systems
- Anpassungsfähigkeit des Systems
- Sicherheitskonzept des Systems
- Übersichtliche Dokumentation
- Kosten des Systems

1.3.2 Datenspeicherung

DEFINITION DATENSPEICHERUNG

Unter Datenspeicherung versteht man die physische Speicherung von Daten auf einen geeigneten Datenträger in strukturierter Form.

? **Welche Methoden der Datenspeicherung werden unterschieden?**

Speicherung in Datenbanken	Eine **Datenbank** (engl. database) ist eine logische und systematisch organisierte Datensammlung (→ ein **elektronisches Archiv**), mit dem Zweck der Speicherung, Verwaltung und Abfrage von Daten. **Hinweis:** Datenbanken werden verwaltet durch Datenbankmanagementsysteme (DBMS). **Anforderungen an ein Datenbankmanagementsystem DBMS:** ▪ Gewährleistung von Datenschutz und Datensicherheit ▪ Vermeidung von Redundanzen Unter Redundanz der Daten versteht man, wenn ein und dieselben Daten, die in verschiedenen Zusammenhängen gebraucht werden, mehrfach gespeichert werden. ▪ Keine Aufnahme von Berechnungsdaten (falls doch, dann diese in Tabellen speichern) ▪ Gewährleistung der Eindeutigkeit des Datensatzes durch einen Schlüssel **Hinweis:** „Schlüssel" dienen zur Identifizierung und Klassifizierung (Einteilung) von Datensätzen. → **Identifizierungsschlüssel** identifizieren einen Datensatz eindeutig Bsp.: Personalnummer, Vorgangsnummer, Kundennummer → **Klassifizierende Schlüssel** teilen Datensätze in Gruppen ein Bsp.: Warengruppenschlüssel, Postleitzahlen
Datenbanken als Client-Server-Lösung	Bei der Client-Server-Lösung werden Aufgaben und Dienstleistungen innerhalb eines Netzwerkes - in einem Wechselspiel von Anforderungen und Antworten - verteilt. ▪ Server (= Bediener, Anbieter, Dienstleister) Der Server stellt in einem Computersystem Daten oder Ressourcen zur Verfügung → übergeordneter Netzrechner ▪ Client (= Kunde, Dienstnutzer) Der Client ist eine Software, die Daten oder Anwendungen von einem Server anfordert. Der Client schickt Anfragen des Nutzers an den Server und stellt dessen Antworten in lesbarer Weise auf dem Bildschirm dar → abhängiger Rechner im Netzwerk

Datenspeicherung in Dateien	Eine **Datei** ist eine geordnete Datenmenge, die gekennzeichnet ist durch Name, Umfang und ihr Format. Das Dateiformat beschreibt die technische Struktur der Datei und gibt der auf die Datei zugreifenden Software Anweisungen für die weitere Verarbeitung. Eine Datenspeicherung in Dateien macht Sinn, wenn Datenbanken nicht möglich sind. **Dateiformate werden eingeteilt in proprietäre und standardisierte/offene Formate:** ■ **Proprietäre Dateiformate** sind für eine Anwendung eines bestimmten Herstellers spezifisch und nur von speziellen Programmen interpretierbar. Sie entsprechen nicht „offenen" oder „freien" Standards. Bsp.: pptx, docx, xlsx ■ **Standardisierte/offene Dateiformate** sind von unabhängigen Herstellern entwickelt, allgemeingültig, offengelegt, von vielen Programmen interpretierbar und von vielen anderen Herstellern übernommen. Bsp.: HTML, XML, PDF, PNG, JPEG, TIFF, GIF

Welche allgemeinen Anforderungen sind an die Datenspeicherung zu stellen? ?

Allgemeine Anforderungen an die Datenspeicherung:

- Datenintegrität

  Die Datenintegrität sichert die Korrektheit der gespeicherten Daten und umfasst Maßnahmen, die dafür sorgen, dass die geschützten Daten während der Verarbeitung oder Übertragung nicht beschädigt oder verändert werden können.

- Verfügbarkeit der Daten

  Die Verfügbarkeit der Daten gewährleistet den Zugriff auf die gewünschten Daten, wenn man sie braucht. Es ist daher zu verhindern, dass Daten verschwinden oder nicht zugreifbar sind, Programme nicht funktionsbereit sind oder Systeme ausfallen. Hard-/Software und Stromversorgung sind abzusichern.

- Datenschutz und Vertraulichkeit

  Beim Datenschutz geht es um den Schutz persönlicher Daten vor Missbrauch. Der Datenschutz ist sicherzustellen.
  Daten dürfen lediglich von autorisierten Benutzern gelesen bzw. modifiziert werden, dies gilt sowohl beim Zugriff auf gespeicherte Daten wie auch während der Datenübertragung. Kontrolle der Zugangs- und Bearbeitungsberechtigungen.

1.3.3 Datenverarbeitung

DEFINITION DATENVERARBEITUNG

Unter Datenverarbeitung (DV) versteht man das **automatische** Erfassen, Übermitteln, Ordnen und Umformen von Daten mit dem Ziel, Informationen über diese Datenmengen zu gewinnen oder diese Datenmengen zu verändern.

Hierbei wird zwischen der direkten und der indirekten Datenverarbeitung unterschieden:

- Direkte Datenverarbeitung:

  Bei der direkten Datenverarbeitung (= Echtzeitverarbeitung, interaktiv) werden Daten, die in das System eingegeben werden, sofort bearbeitet.
  Anwender und Programm stehen in ständiger Interaktion, Auftreten und Verarbeiten von Informationen fallen zeitlich zusammen.

  Beispiele:

  Fahrkarten- und Platzbuchungssystem bei der Bahn, Auskunftssysteme

- Indirekte Datenverarbeitung:

  Bei der indirekten Datenverarbeitung wird nachgeordnet ausgewertet/verarbeitet.
  Hierunter fällt die Stapelverarbeitung, bei der Belege gesammelt und erst dann verarbeitet werden, wenn ein ganzer „Stapel" davon vorliegt. Stapelverarbeitung bietet sich immer an, wenn es sich um terminbezogene Abrechnungsarbeiten handelt.
  Eine Stapelverarbeitung wird einmal programmiert und getestet und kann dann beliebig oft für gleichartige Aufgaben eingesetzt werden.

  Beispiele:

  Lohn- und Gehaltsabrechnung am Monatsende, automatische Auswertung von Maschinendaten oder Messwerten

1.3.4 Datenvisualisierung

DEFINITION DATENVISUALISIERUNG

Unter der Datenvisualisierung versteht man das Veranschaulichen abstrakter Daten in eine grafische bzw. visuell erfassbare verständliche Form,
wie Grafiken, Diagramme, Tabellen, Datenbankberichte, Animationen, Formeln, Simulationen.

Welche Ziele verfolgt die Datenvisualisierung? ?

Ziele der Datenvisualisierung:

- Handhaben und Vereinfachen großer Datenmengen
- Erforschen der Daten
- Aufzeigen und Erkennen von Zusammenhängen und Prozessen und in der Folge ein besseres Verständnis der zugrundeliegenden Prozesse und Zusammenhänge
- Extrahierung von Informationen, Nicht Offensichtliches sichtbar machen
- Einsparen von Kosten
- Interaktive Arbeit mit großen Datenmengen

1.3.5 Datendokumentation

DEFINITION DOKUMENTATION

Unter Dokumentation versteht man die Nutzbarmachung von Informationen zur weiteren Verwendung mit dem Ziel der jederzeitigen Auffindbarkeit.

Warum müssen Daten dokumentiert werden (Gründe)? ?

Die Dokumentation der Daten ist unerlässlich ...

- für die Rückverfolgbarkeit und Reproduzierbarkeit der Daten
- für die Optimierung der betrieblichen Prozesse und für die Unterstützung des Qualitätsmanagements
- aufgrund der gesetzlichen Aufbewahrungsfristen
- als Bestandteil des Datensicherheitsmanagements
- aufgrund der gesetzlichen Bestimmungen des Datenschutzes wie gesetzliche Dokumentations- und Meldepflichten

  Bsp.:

  Die DSGVO verpflichtet Verantwortliche, ein Verzeichnis von Verarbeitungstätigkeiten -bei der automatisierten Verarbeitung personenbezogener Daten- zu führen.
- für die Administration z.B. der Mitarbeiterabrechnung
- für die Zertifizierung des Unternehmens
- für die Information und Instruktion definierter Zielgruppen
- für die Geltendmachung von Produkthaftung bzw. zur haftungsrechtlichen Absicherung des Herstellers und für die Nachvollziehbarkeit des Nichtverschuldens eines Schadens

? In welcher Form können Daten dokumentiert werden?

Betriebliche Daten können dokumentiert werden als ...

- Papierdokument
  Bsp.: Schaltpläne, Reparaturanleitungen
- digitales Dokument
  auf einem Datenträger (z.B. CD) oder auf speziellen Servern oder Festplattenlaufwerken
- Mikrofilm
- Dokumentenmanagementsystem

? Welche Anforderungen sind an die Dokumentation zu stellen?

Anforderungen an die Dokumentation:

- Vollständigkeit und Korrektheit

  Alle notwendigen Informationen müssen in dem archivierten Dokument vorhanden und richtig sein.
- Aktualität

  Der letzte/aktuelle Stand muss archiviert werden.
- Verfügbarkeit/Zugreifbarkeit

  Der Zugriff auf die Dokumentation muss jederzeit möglich sein. Auch bei einer Langzeitarchivierung muss die Hard- und Software noch funktionsbereit sein, sodass die Daten lesbar sind.

? Welche Vorteile bietet eine gute Dokumentation?

Eine gute Dokumentation ...

- dient dem Nachweis und der Beweissicherung
- dient der Sicherung eigener und der Absicherung gegen fremde Ansprüche
- bietet Nachvollziehbarkeit und Transparenz
- ermöglicht das spätere Zurückgreifen auf "frühere" Daten
- dient der Sicherung der Daten z.B. vor Verlust, vor Veränderung und vor Verfälschung
- dokumentiert Erfahrungen und kann als Gedächtnisstütze dienen

- ist ein Kommunikations- und Informationsmittel
- ist eine wichtige Voraussetzung für eine eventuelle Zertifizierung des Unternehmens
- erleichtert und beschleunigt das Einarbeiten neuer Mitarbeiter und verringert den Schulungsaufwand
- dient der Qualitätssicherung

Welche Arten der technischen Dokumentation werden unterschieden? ?

Bei der technischen Dokumentation wird zwischen interner und externer technischer Dokumentation unterschieden:

1. Interne technische Dokumentation

   Die interne technische Dokumentation dient der

   → internen Archivierung aller produktrelevanten Dokumente **und**

   → der gesetzlichen Nachweispflicht des gesamten Produktlebenszyklus,
   wie Pflichtenhefte, Konstruktions- und Fertigungsunterlagen

2. Externe technische Dokumentation

   Die externe technische Dokumentation dient der

   → Information der Betreiber und Benutzer des Produkts und

   → Sicherstellung, dass das Produkt sicher, fehlerfrei und bestimmungsgemäß angewendet wird,
   wie Installationsanleitung, Bedienungsanleitung, Benutzerhandbuch, Gebrauchsanweisung

1.4 Betriebssysteme zur Prozessverarbeitung

DEFINITION BETRIEBSSYSTEM

Ein Betriebssystem (oder auch Operating System genannt) ist eine Sammlung von Computerprogrammen, die es ermöglichen, den Rechner zu betreiben und Anwendungsprogramme auszuführen.

Das Betriebssystem verwaltet die Systemressourcen eines Computers und stellt diese Anwendungsprogrammen zur Verfügung. Es stellt damit die **Schnittstelle zwischen Anwendungssoftware und Hardwarekomponenten** dar.

1.4.1 Einsatzmöglichkeiten

Hinweis:

Das Betriebssystem ist grundsätzlich abhängig vom Einsatzgebiet, den Zielen und den speziellen Forderungen der Benutzer.

? **Welche klassischen Aufgaben/Einsatzmöglichkeiten haben Betriebssysteme?**

Klassische Aufgaben/Einsatzmöglichkeiten von Betriebssystemen:

- Organisation, Steuerung und Kontrolle des gesamten Betriebsablaufs im System
- Betriebsmittel-/Ressourcenverwaltung (wie CPU, Arbeitsspeicher RAM, Kommunikationsverbindungen) sowie ggf. geeignete Zuteilung der einzelnen Ressourcen an die jeweiligen Programme/Ausführungseinheiten
- Kontrolle und Durchsetzung von Schutzmaßnahmen und Speicherverwaltung, wie Zugriffsrechte, Überwachung der Speicherzugriffe und Protokollierung der Speichernutzung → ggf. Beenden von Prozessen bei einer Schutzverletzung
- Geräte- und Dateiverwaltung, Erfüllung administrativer Aufgaben wie Datensicherung, Leistungsüberwachung
- Laden, Ausführen, Unterbrechen, Beenden und Kontrollieren von Programmen, Weitergabe von Benutzereingaben, Behandlung von Fehlern, Verwaltung von Benutzerrechten
- Mehrprogrammbetrieb, d.h., voneinander unabhängige Benutzer/ Programme dürfen sich gegenseitig nicht stören
- Kommunikation und Synchronisation von Prozessen untereinander (→ Interprozesskommunikation)

- Bereitstellung von Programmen für Datensicherung, Texteingabe, Telekommunikation, Spracheingabe, Zeichnen, Rechnen
- Benutzerführung
- Verwaltung der Prozessorzeit
- Verwaltung der angeschlossenen Geräte

Aus welchen Teilen besteht ein Betriebssystem? ?

Ein Betriebssystem besteht aus:

1. Betriebssystem-Kern (Kernel):
   Dieser verwaltet die Prozesse und die wichtigsten Ressourcen.
2. Systemprogrammen, die zur Erfüllung der o.g. Aufgaben dienen und einer
3. grafischen Benutzeroberfläche.

Welche Anforderungen werden typischerweise an ein Betriebssystem gestellt (Auswahlkriterien)? ?

Typische Anforderungen an ein Betriebssystem:

- Grundsätzlich muss das Betriebssystem zur vorhandenen Hardware der Rechner und den geplanten Anforderungen des Unternehmens passen (→ Kompatibilität)
- Idealerweise sollte ein Betriebssystem für alle Anwendungsprogramme verwendet werden
- Hohe Stabilität und Ausfallsicherheit
- Optimales Nutzen der Kapazitäten und Ressourcen
- Zukunftsfähigkeit des Betriebssystems, Verfügbarkeit von Anwenderprogrammen
- Einfache Benutzung des „Rechnersystems"
- Möglichst kurze Bearbeitungszeiten im Bezug auf Eingaben und Vorgänge, Echtzeitverhalten
- Sicherheitskonzept des Systems und der Komponenten, wie Rechtezuordnung
- Ressourcenschonender Umgang mit Geräten
- Mehrbenutzerbetrieb
- Transparente Höhe der (absoluten und relativen) Kosten,
  wie Anschaffungskosten, Lizenzkosten, Update-Kosten, Wartungskosten
- Skalierbarkeit,
  d.h. Möglichkeit von Betriebserweiterungen, Aufnahme zusätzlicher Rechner

1.4.2 Einteilung von Betriebssystemen und ihre Anwendungsgebiete

? **Wie können Betriebssysteme eingeteilt/klassifiziert werden?**

1. Klassifikation nach der Anzahl der Prozesse oder Aufgaben, die gleichzeitig auf dem Rechner ablaufen
   → Single-Tasking-System / Einzelprozess-System
   → Multi-Tasking-System / Mehrprozess-System

2. Klassifikation nach der Anzahl der Benutzer, die gleichzeitig auf einem Rechner angemeldet sind
   → Single-User-Betriebssystem / Einzelnutzer-System
   → Multi-User-Betriebssystem / Mehrnutzer-System

? **Was versteht man unter Single-User, Multi-User, Multi-Tasking, Echtzeitverarbeitung, Stapelverarbeitung und Hilfsprogrammen?**

Betriebssystem	Erläuterung	Bsp.
Single-User	Single-User = Einzelnutzer Bei einem Single-User-Betriebssystem kann nur ein Benutzer zur gleichen Zeit am Rechner arbeiten.	MS-DOS
Multi-User	Multi-User = Mehrbenutzer Betriebssystem, das die Fähigkeit hat, Arbeitsumgebungen für mehrere verschiedene Benutzer (= User) gleichzeitig bereitzustellen und voneinander abzugrenzen. Die Benutzer können mit direkt an den Rechnern angeschlossenen Terminals oder über Netzwerkverbindungen arbeiten.	Unix, IBM OS/390, OS/400 Windows Server 20XX, Windows 8, 10 Mac OS X

Betriebssystem	Erläuterung	Bsp.
Multi-Tasking	Multi-Tasking = gleichzeitige Ausführung mehrerer Programme (Tasks) Als multitaskingfähig bezeichnet man ein Betriebssystem, das mehrere Anwendungen gleichzeitig ausführen, verwalten und gegeneinander abgrenzen kann, d.h., es stehen mehrere Prozesse zur selben Zeit im Hauptspeicher.	Der Meister bearbeitet die Arbeitszeiterfassung und im Hintergrund druckt ein Dokument oder E-Mails werden abgerufen Unix, IBM OS/390, OS/400 Windows Server 20XX, Windows 8, 10 Mac OS X
Echtzeitbearbeitung (Real time Processing)	Daten von Betriebssystemen werden im engen zeitlichen Zusammenhang zur realen Entstehung verarbeitet - contra Stapelverarbeitung. Der Faktor Zeit ist hierbei der Schlüsselparameter.	Anwendung bei der Steuerung von automatisierten technischen Abläufen/ Prozessen wie VxWorks, VRTX, pSOS, LynxOS, Enea OSE, MS Windows CE
Stapelverarbeitung	= batch processing Bearbeitung einer Folge von Stapelaufträgen, d.h. es wird ein Stapelauftrag vom Benutzer mit allen erforderlichen Programmen, Daten und Anweisungen zur Ablaufsteuerung zusammengestellt. Dieser wird dann - ohne Interaktion des Benutzers - vollständig abgearbeitet.	IBM OS/370, OS/390, MVS, BS 2000 Lohn- und Gehaltsabrechnung am Monatsende, automatische Auswertung von Maschinendaten oder Messwerten
Hilfsprogramme	Programme, die organisatorische bzw. verwaltungstechnische Aufgaben für den Computer bzw. für die Peripheriegeräte durchführen.	Editoren, Kopierprogramme, Diagnose-, Test- und Dokumentationsprogramme, Speichermanager, Datei-Manager, Komprimierungsprogramme

Welche grundlegenden Funktionsweisen haben die verschiedenen Betriebssysteme? ?

Betriebssystem	Erläuterung	Anwendungsgebiet/Bsp.
DOS	DOS = Disk Operating System Textorientiertes, Single-User-Betriebssystem der älteren Generation. DOS entspricht nicht mehr den heutigen EDV-Anforderungen.	Nur noch vereinzelt im Einsatz z.B. zur Maschinensteuerung/ Messdatenerfassung in der Produktion

Betriebssystem	Erläuterung	Anwendungsgebiet/Bsp.
Windows	Basiert auf einer Eigenentwicklung von Bill Gates und ist der Nachfolger von MS-DOS. Ein Multi-User– und Multi-Tasking-System mit grafischer Benutzeroberfläche (Menüleisten, Fenstertechnik). Die Weiterentwicklungen von Windows sind Windows NT, XP, Vista, 7, 8. Diese sind die zur Zeit weit verbreitetsten Betriebssysteme. Für bestimmte Anwendungszwecke bestehen auch Versionen für Server.	Windows 7, 8, 10
Unix	Ein textorientiertes Multi-User– und Multi-Tasking-System, das ursprünglich für Großrechner entwickelt wurde. Unix-Rechner sind auch die Rechnergrundlage des Internets sowie von Suchmaschinen.	Weitere Unix-Systeme sind: Linux (Freeware!), Solaris, BSD
Mac OS X (Macintosh)	Leistungsfähiges Betriebssystem von Apple. Basiert auf Entwicklungen von Hardware-Herstellern.	

? **Auf welche Aspekte muss man beim Wechsel des Betriebssystems achten?**

Auf folgende Aspekte muss man beim Wechsel des Betriebssystems achten:

- Ist das neue Betriebssystem zuverlässig?
- Ist das neue Betriebssystem - zur bestehenden Hardware bzw. zu den anderen EDV-Systemen des Unternehmens - kompatibel?
- Können die bisher verwendeten Programme unter dem neuen Betriebssystem genutzt werden?
  Falls nicht, welche Kosten fallen für neue Softwareprogramme an?
- Sind vor der Einführung des neuen Betriebssystems (und evtl. der neuen Software) Mitarbeiterschulungen erforderlich?
  Falls ja, welche Kosten fallen für die Mitarbeiterschulungen an?

1.5 Einteilung von Software

1.5.1 Anwendungsgebiete der Software

Folgende wichtige Anwendungsgebiete der Software werden unterschieden:

1. Integrierte Systeme zur Verwaltung von Unternehmensressourcen

   d.h., das System vereint die Aufgaben mehrerer Funktionsbereiche systemintern zu einem Gesamtsystem.
   Bsp.:
   ERP-System

2. Integrierte Systeme zur Verwaltung von Informationen

   Die professionelle Verwaltung von Content im Internet, Intranet oder Extranet nennt sich (Web-)Content-Management.
   Bsp.:
   ECM, **Intranet**

3. Elektronisches Dokumentenmanagement

   d.h., es geht um die datenbankgestützte Verwaltung elektronischer Dokumente.

1. Integrierte Systeme zur Verwaltung von Unternehmensressourcen

Merkmale integrierter Anwendungssysteme:

- Das System vereint die Aufgaben mehrerer Funktionsbereiche
- Die einzelnen Bereiche werden systemintern zu einem Gesamtsystem verknüpft
- Daten werden möglichst früh erfasst, verarbeitet und gespeichert

Hinweis:

Wenn ein integriertes Gesamtsystem alle wesentlichen Funktionen der Administration, Disposition und Führung unterstützt, spricht man von einem ERP-System (Enterprise Resource Planning).

Ein ERP-System ist also ein integriertes betriebswirtschaftliches Anwendungssystem, welches alle wesentlichen in einem Unternehmen ablaufenden Geschäftsprozesse abbildet und unterstützt, mit dem Ziel der Optimierung innerbetrieblicher Geschäftsprozesse.

Im Mittelpunkt eines jeden ERP-Systems steht eine zentrale bereichsübergreifende Datenbank, in der alle Daten der verschiedenen betriebswirtschaftlichen Bereiche gespeichert sind.

Bekannte Anbieter von ERP-Systemen: SAP, Oracle, Microsoft.

Aufgabe von ERP-Systemen:

IT-seitige Unterstützung einer großen Anzahl von Funktionsbereichen im Unternehmen, wie Rechnungswesen, Produktion, Materialwirtschaft, Vertrieb, Controlling und Personalwirtschaft.

Vorteile von ERP-Systemen:

- Optimierung der internen Wertschöpfungskette
- Schneller, aktueller Gesamtüberblick des Unternehmens und einfache Auswertung einzelner Unternehmensbereiche
- Steigerung der Flexibilität und schnellere Reaktion
- Bessere Planung von Produktionsbedarf und Lagerhaltung
- Effektivere Verteilung von Ressourcen
- Reduktion des administrativen Aufwandes

2. Integrierte Systeme zur Verwaltung von Informationen

Die professionelle Verwaltung von Content im Internet, Intranet oder Extranet nennt sich (Web-) Content-Management.

Wer dies im Rahmen eines Unternehmens vornimmt und die organisierten Strukturen online abbildet, betreibt Enterprise-Content-Management ECM.

ECM umfasst die Methoden, Technologien und Werkzeuge zur Erfassung, Verwaltung, Speicherung, Bewahrung und Bereitstellung von Content und Dokumenten zur Unterstützung organisatorischer Prozesse im Unternehmen.

Intranet: Informationsplattform im Firmennetz:

Der Begriff Intranet setzt sich zusammen aus dem lateinischen Wort „intra" für innen und aus dem englischen Wort „net" für Netz.

Ein Intranet ist ein Rechnernetz innerhalb einer Organisation, das im Gegensatz zum Internet nicht öffentlich ist, also eine Informationsplattform im Firmennetz.

Das Intranet dient dem Austausch und der Verbreitung von Informationen innerhalb eines Unternehmens oder einer Organisation. Mitarbeiter können sich im Intranet die Informationen für ihre Arbeit herunterladen, ausdrucken oder bearbeiten. Das Intranet wird zudem für E-Learning genutzt.

Im Intranet befinden sich - auf einem zentralen Webserver - betriebsinterne Informationen, wie wichtige Geschäftsberichte, Bilanzen, Statistiken, Organigramme, Anweisungen an die Mitarbeiter, Telefon- und Adresslisten, Urlaubsscheine, Produktinformationen, Broschüren, Datenblätter, Formulare, aber auch neueste Meldungen, Regeln und Absprachen. Weiterhin können betriebliche Prozesse verwaltet werden, wie Urlaubs- und Fehlzeitenverwaltung, Projektplanung, Verwaltung von Werkzeugen, elektronische Beschaffung etc.

Vorteile des Intranets:

- Verbesserung des Austauschs und Verbreitung von Informationen, der Informationstransparenz und des Informationsflusses im Unternehmen
- Schneller Zugriff auf Daten und Informationen

- Gute Unterstützung bei der betrieblichen Dokumentation
- Möglichkeit der zeitnahen Information der Mitarbeiter
- Reduzierung der eigenen Sammlung von Arbeitsinformationen durch die Mitarbeiter
- Nutzung zur Schulung von Mitarbeitern
- Erhöhte Transparenz im Unternehmen

3. Elektronisches Dokumentenmanagement

Unter dem elektronischen Dokumentenmanagement versteht man die datenbankgestützte Verwaltung elektronischer Dokumente.

Aufgabe des elektronischen Dokumentenmanagements:

Es dient zur Organisation und Koordination von Dokumenten über ihren gesamten Lebenszyklus von der Entstehung bis zur Löschung.

Es wird eingesetzt, um die Verwaltung großer Dokumentbestände zu vereinfachen. Hierbei können alle Arten von Dokumenten verwaltet werden, die als Dateien auf dem Server vorliegen, wie Zeichnungen und Stücklisten aus dem CAD-System, Geschäftskorrespondenz aus der Textverarbeitung, wichtige E-Mails, Kontakte und Aufgaben, gescannte/digitalisierte Unterlagen aus früheren Geschäftsjahren.

Daneben können noch weitere Informationen (wie Autor, Entstehungszeitpunkt des Dokumentes, Quelle etc.) gespeichert werden, um die Suche zu vereinfachen.

Hinweis:

Durch das Intranet und das elektronische Dokumentenmanagement rücken die Erwartungen an das „papierlose Büro" in greifbare Nähe.

Beim papierlosen Büro sollen sämtliche papiergebundene Dokumente in elektronische Varianten umgestellt werden, z.B. elektronisches Formularwesen etc.

Ziel des papierlosen Büros:

Reduzierung der Anzahl der Papierdokumente (Umweltschutz, Senkung der Kosten für Archivierung)

Wesentliche Funktionen des elektronischen Dokumentenmanagements:

- Erfassung von Dokumenten
- Ablage von Dokumenten
- Verwaltung von Dokumenten
- Suche von Dokumenten

Ziele und Nutzen des elektronischen Dokumentenmanagements:

- Einheitliche, klare und übersichtliche Ablage aller Dokumente
- Zeitersparnis durch leichtes Wiederauffinden der Dokumente z.B. per Stichwortsuche

- Gewährleistung der langfristigen Lesbarkeit von Dokumenten
- Gewährleisten der gesetzlichen Archivierungsfristen
- Schaffen von Transparenz für unternehmerische Entscheidungen
- Gewährleistung eines Zugriffsberechtigungskonzeptes
- Verhinderung von Doppelarbeit und Doppelablage
- Termin- und Versionskontrolle sowie die Nachvollziehbarkeit von Änderungen an den Dokumenten
- Einsparpotenzial durch strukturierte Archivierung

1.5.2 Anwendungsprogramme

? Welche Arten von Anwendungsprogrammen kann ein Meister für seine Tätigkeiten einsetzen?

DEFINITION ANWENDUNGSPROGRAMME

Unter Anwendungsprogrammen versteht man Programme, die von einem Anwender (= Benutzer) zum Bearbeiten, Verändern und Gestalten digitaler Daten fachorientiert mittels eines Computers eingesetzt werden.

Anwendungsprogramme sind immer am Zweck der Arbeit orientiert.

Folgende Anwendungsprogramme setzt ein Meister typischerweise bei seiner Arbeit ein:

Textverarbeitungsprogramme	Textverarbeitungsprogramme sind Programme zum Schreiben und Gestalten von Textdokumenten am Computer. Der erstellte Text kann als Datei abgespeichert und/oder ausgedruckt werden. Textverarbeitungsprogramme werden in Unternehmen insbesondere für Berichte, Protokolle, Geschäftsbriefe, Serienbriefe, Abmahnungen und zur Erstellung von Formularen eingesetzt. Marktführer ist das Textverarbeitungsprogramm „Word" von Microsoft. **Textverarbeitungsprogramme enthalten typischerweise folgende Grundfunktionen:** ■ Layout- und Formatierungsfunktion ■ Rechtschreibprüfung, Rechtschreibhilfen und Silbentrennung ■ Such- und Ersetzungsfunktionen ■ Formatvorlagen, Textbausteine, Feldfunktionen, Fußnoten ■ Einbinden von grafischen Objekten und von Tabellen ■ Textkonvertierung

Tabellenkalkulationsprogramme	Ein Tabellenkalkulationsprogramm ermöglicht durch den Einsatz einer Oberfläche in Form einer Tabelle (d.h. das Bildschirmfenster ist in Zeilen und Spalten eingeteilt), verschiedene wiederkehrende Rechenoperationen und Auswertungen automatisch durchzuführen. Mit Hilfe eines Tabellenkalkulationsprogramms lassen sich betriebliche Daten filtern, berechnen, auswerten, übersichtlich visualisieren (z.B. anhand von Diagrammen, Tabellen), bearbeiten und präsentieren. **Typische Einsatzgebiete für Tabellenkalkulationsprogramme:** ■ Automatische Berechnung von Tabelleninhalten, Analysieren von Zahlenreihen, Durchführen von „Was-wäre-wenn-Betrachtungen" ■ Grundfunktionen zur statistischen Berechnung ■ Erstellen von Diagrammen, Umwandlung von Tabellen in Grafiken ■ Nutzung als Datenbasis bei sehr geringen Datenmengen und sehr einfachen Datenstrukturen Marktführer ist das Tabellenkalkulationsprogramm „Excel" von Microsoft.
Präsentationsprogramme	Unter Präsentationssoftware versteht man Programme zur Erzeugung von (multimedialen) Präsentationen. Präsentationsprogramme sind Werkzeuge bzw. Visualisierungsmittel. Der Nutzer kann damit Folien erstellen und unterschiedlichste Inhalte in diese Folien einbinden - also Bilder, Grafiken, Diagramme, Organigramme, Tabellen, Filmausschnitte und Musikstücke. Über einen Beamer oder ein anderes Anzeigemittel lässt sich die Präsentation dann abrufen. „PowerPoint"-Präsentationen von Microsoft sind die am häufigsten verwendeten Computer-Präsentationen. **Einsatzgebiete:** ■ Entwurf von Präsentations-Folien ■ Entwurf und Durchführung von Beamer-Präsentationen ■ Entwurf und Durchführung von Werbepräsentationen (selbstlaufend), z.B. auf Messen etc. **Vorteile von Präsentationsprogrammen:** ■ Leichte und effektive Informationsvisualisierung → Zusammenhänge können leicht und verständlich erklärt werden → Nachhaltigkeit wird durch Gedächtnisanker verstärkt → Aufmerksamkeit der Zuschauer wird erhöht ■ Relativ leichtes Erstellen und Vorführen einer einfachen Präsentation ■ Schnelles und einfaches Einbinden von Grafiken, Bildern, Prozessen etc. ■ Fehler lassen sich leicht korrigieren - auch noch direkt bei der Präsentation

	Beachte: ■ Oft werden die technischen Möglichkeiten von Präsentationsprogrammen zu ausgiebig genutzt, wodurch der Endnutzer/Zuschauer vom Inhalt der Präsentation abgelenkt wird ■ Die Präsentation muss unter den vorgegebenen Bedingungen gut lesbar sein → Schriftgröße, Hintergrundkontrast zur Schriftfarbe in hellen Räumen etc. ■ Folien nicht mit Informationen überhäufen
Office-Pakete	Die wichtigsten Standardsoftwarearten werden heute nicht mehr einzeln, sondern im Paket verkauft. Ein Office-Paket ist eine Zusammenstellung gebräuchlicher Software, welches die typischen Aufgaben bei der Arbeit/im Büro unterstützen soll. Üblicherweise gehören zu einem solchen Paket ein Textverarbeitungs-, Tabellenkalkulations-, Präsentations-, und Datenbank-Programm sowie eine Adress-, Termin- und Aufgabenverwaltung. **Vorteile für den Benutzer von Office-Paketen:** ■ Kostengünstiger im Paket ■ Einheitlichkeit der Bedienung ■ Gute Abstimmung der Programme untereinander ■ Bessere Ausnutzung der Systemressourcen ■ Konsistente Benutzeroberfläche Marktführend sind Microsoft Office und OpenOffice.
Datenbanken	Eine Datenbank (engl. **database**) ist ein System zur Speicherung von Datensätzen, die untereinander in einer logischen und systematischen Beziehung stehen. Die Sätze werden von einer speziellen Software, dem Datenbank-Management-System (**DBMS**) verwaltet. Große Datenmengen werden mit dem DBMS effizient, widerspruchsfrei und dauerhaft gespeichert. **Einsatzgebiete eines Datenbanksystems:** ■ Verwaltung umfangreicher strukturierter Datenbestände ■ Verwaltung von Datenbeständen, die von mehreren Anwendungen benutzt werden **Welche Anforderungen werden an eine Datenbank gestellt?** ■ Redundanzfreiheit, d.h., Informationen dürfen nicht mehrfach abgelegt werden ■ Eindeutigkeit des Datensatzes durch Schlüssel gewährleisten, d.h., jedes gespeicherte Datenobjekt muss ein eindeutiges Merkmal besitzen ■ Zentrale Datenhaltung ■ Datenschutz und Datensicherheit

	Vorteile einer Datenbank: ■ Effizienter und schneller Zugriff auf Daten ■ Daten sind immer aktuell ■ Viele Nutzer können zur selben Zeit auf die Daten zugreifen ■ Gemeinsame Datenbasis, Daten werden zentral verwaltet ■ Leicht aktualisierbar ■ Einfache Suchmöglichkeit ■ Redundanzen werden vermieden ■ Erleichterung der Datenverwaltung, Speicherverwaltung der Daten
DTP-Programme	Die Abkürzung DTP steht für den englischen Begriff desktop publishing. DTP-Programme dienen zum Erstellen der Druckvorlagen von Dokumenten mittels eines Computers. Die bekanntesten DTP-Programme sind Adobe InDesign, Adobe PageMaker und QuarkXPress.
Projektplanungs-software	Projektplanungssoftware unterstützt und ermöglicht eine professionelle Projektverwaltung. **Sie ermöglicht ...** ■ die Darstellung des Projektstrukturplans ■ die Festlegung der Zeit- und Ressourcenplanung ■ die Risikoanalyse ■ die Verfolgung der Termin- und Kostenentwicklung ■ die Anpassung der Projektplanung und -entwicklung ■ die Erstellung von Netzplänen, Balkendiagrammen und Einsatzplänen **Vorteile der Projektplanungssoftware:** ■ Zielorientierte, systematische, effektive und detaillierte Projektplanung und Projektbearbeitung (Zeit und Kosten) ■ Risikominimierung ■ Frühzeitiges Erkennen von Problemen ■ Schnelle Anpassungsmöglichkeit ■ Verständliche Visualisierung ■ Dokumentation aller aktuellen und relevanten Informationen Marktführer ist die Projektplanungssoftware Microsoft Project.

? **Welche operativen und strategischen Einsatzmöglichkeiten bietet die Anwendungssoftware?**

Operative Einsatzmöglichkeiten der Anwendungssoftware:

Operativer Bereich	Beispiele für operative Einsatzmöglichkeiten
Administration Rationalisierung vorhandener Abläufe und der Massendatenverarbeitung sowie Bewältigung der Routinearbeiten	■ Lohnberechnung im Personalwesen ■ Buchführung ■ Finanzbuchhaltung ■ Berechnung der Monats-/ Jahresabschlüsse ■ Lagerbestandsführung des Handels
Disposition Vorbereitung von Entscheidungen und automatische Ausführung einfacher Aufgaben	■ Bestelldisposition ■ Belegung von Hochregalen ■ Werkstattsteuerung ■ Tourenplanung ■ Außendienststeuerung im Vertrieb ■ Kalkulation in der Kostenrechnung

Strategische Einsatzmöglichkeiten der Anwendungssoftware:

Strategischer Bereich	Beispiele für strategische Einsatzmöglichkeiten
Planung Mittel- und langfristige Planungsprozesse im Unternehmen	■ Produktionsprogrammplanung in der Fertigung ■ Produktionsplanung ■ Programmplanung im Vertrieb
Information Planen, Gestalten, Überwachen und Steuern von Informationen und Kommunikation im Unternehmen zur Erreichung der strategischen Unternehmensziele	Gewährleistung der Informations- und Kommunikationsfähigkeit der Unternehmung durch ■ unternehmensinterne Daten aus Administration, Disposition und Planung ■ externe Daten aus volkswirtschaftlichen Statistiken, Marktforschungsinstituten, Internet

1.5.3 Anwendungssoftware (Standard- und Individualsoftware)

Was versteht man unter Individualsoftware und Standardsoftware? ?

Bei der Anwendungssoftware besteht die Wahl zwischen Individualsoftware und Standardsoftware.

DEFINITION INDIVIDUALSOFTWARE

Bei der Individualsoftware wird die Software **speziell für den einzelnen Kunden**, nach seinen Anforderungen, **maßgeschneidert** angefertigt.

Individualsoftware dient dazu, ein kundenindividuelles Problem bzw. eine spezialisierte Aufgabenstellung zu lösen.

Gründe für den Einsatz von Individualsoftware:

- fehlendes Angebot von Standardsoftware
- technische Rahmenbedingungen, die den Einsatz von Individualsoftware erforderlich machen
- strategische Überlegungen
  Bsp.: Innovationsvorsprung, Wettbewerbsvorteile gegenüber Konkurrenten

DEFINITION STANDARDSOFTWARE

Bei der Standardsoftware wird die Software für eine große Anzahl potenzieller Kunden („**anonymer Markt**“) vorgefertigt. Sie deckt einen klar definierten Anwendungsbereich ab.

Standardsoftware ist auf **Allgemeingültigkeit** ausgelegt und in vielen verschiedenen Unternehmen einsetzbar (branchenneutral).

? Welche Vor- und Nachteile bietet die Individualsoftware?

Mögliche Vorteile der Individualsoftware	Mögliche Nachteile der Individualsoftware
■ optimale Anpassung an die betrieblichen Abläufe und Anforderungen ■ individuelle Festlegung der Inhalte ■ Optimierung des Leistungsumfangs, d.h., das Unternehmen bezahlt genau für die Funktionen, die auch wirklich benötigt werden ■ optimale Anpassung an die Hardware ■ exklusive Lösung für das Unternehmen ■ direkter Kontakt zum Softwarehersteller/-entwickler ■ schnelle Reaktion bei Fehlern ■ individuelle Weiterentwicklung	■ teuer, hoher Produktpreis ■ Verfügbarkeit erst nach der Entwicklungszeit ■ problematisch hinsichtlich Kompatibilität zu anderen Unternehmen und Projekten ■ schwierig in der Wartung ■ eigenständige Weiterentwicklung notwendig ■ Fehlerbeseitigung und Anpassung erforderlich → Änderungen/ Anpassungen im Unternehmen können zu hohen Folgekosten führen ■ kaum Erfahrungsaustausch möglich ■ Abhängigkeit vom Spezialisten/ Hersteller ■ größerer Dokumentationsaufwand

? Welche Vor- und Nachteile bietet die Standardsoftware?

Mögliche Vorteile der Standardsoftware	Mögliche Nachteile der Standardsoftware
■ am Markt gängig ■ preiswert, relativ geringe Anschaffungskosten ■ meist ausgereifter und daher wenig fehleranfällig ■ sofortige Verfügbarkeit ■ leicht, mehrere Angebote einzuholen ■ Schulungen sind kostengünstig verfügbar ■ Literatur ist kostengünstig verfügbar ■ mögliche Anpassbarkeit an die individuellen betrieblichen Anforderungen	■ geringere Anpassungsfähigkeit an die speziellen betrieblichen Abläufe ■ Abhängigkeit vom Softwareanbieter ■ geringer Einfluss auf den Softwarehersteller ■ hohe Kosten, wenn die Software an die exakten Bedürfnisse des Unternehmens angepasst werden muss ■ beschränkte Anpassbarkeit der Software ■ oft unnötig großer Funktionsumfang und hoher Speicherbedarf ■ oft an proprietäre (= unfreie) Datenformate gebunden, d.h., Lizenzen kosten eine Gebühr. Veränderungen an der Software sind nicht erlaubt.

Nach welchen Kriterien sollte die Software ausgewählt werden? ?

Grundsätzlich ist erst einmal zu klären, welche Softwareart (also Individualsoftware oder Standardsoftware) zur Anwendung kommen soll.

Entscheidungsvoraussetzungen für eine der beiden Softwarearten:

- Einsatzzweck der Software
- Betriebliche Gegebenheiten
- Kosten
- Zukunftsfähigkeit

Beachte:

Für Kernprozesse wird meistens Individualsoftware verwendet.

Unterstützende Prozesse werden durch Standardsoftware abgebildet.

Kompromiss zwischen Individual- und Standardsoftware:

Customizing,
d.h., die Standardsoftware wird an die Anforderungen und Bedürfnisse des Kunden angepasst.

Auswahl der Software nach ...

- Erfüllung der Leistungsanforderungen laut Soll-Analyse
- Kompatibilität mit den vorhandenen Soft- und Hardware-Systemen und den schon geplanten neu hinzukommenden Systemen, Altdatenübernahme, Schnittstellenlösungen
- Anpassungsfähigkeit an Veränderungen, z.B. an gesetzliche Änderungen
- Kosten der Software, der Lizenzen, des Supports
- Netzwerkfähigkeit
- Verfügbarkeit, Lieferzeit und Zeitrahmen der Implementierung
- Aufwand von Installation, Einarbeitung, Schulung
- Intensität von Pflege und Wartung
- Serviceleistungen (Online-Support, Lernsoftware)
- Anwenderfreundlichkeit, Ergonomie
- Verständlichkeit der Dokumentation
- Einhaltung des Datenschutzes und der Datensicherheit
- Empfehlungen von Anwendern, Fachpresse etc.

? **Nach welchen Kriterien sollte man den Lieferanten/Hersteller für die Software auswählen?**

- Erfahrung des Lieferanten/Herstellers mit der Software
- Branchenkenntnis
- Marktposition des Lieferanten/Herstellers
- Wirtschaftliche (finanzielle) Situation
- Empfehlungen, Referenzen, Kundenbeurteilungen, Fachpresse
- Service (Bsp.: Supportleistung, Hotline, Update)
- Schulungsangebote (Bsp.: Leistungsangebot sowie Kosten der Schulung)
- Standort, Entfernung
- Konditionen (Bsp.: Stundensätze, Gewährleistungsrechte)

? **Welche Lizenzen bestehen für die Softwarenutzung?**

Grundsätzlich unterliegt die Verbreitung und Nutzung von Software dem Urheberrecht. Daher ist die Nutzung jeder Software an Lizenzen gebunden.

BEACHTE

Der Urheber entscheidet über die Art der Lizenz.

1. Lizenz-Software
   Bei der Nutzung kommerzieller Software muss der Benutzer eine Lizenz nachweisen. Eine Lizenz berechtigt zur Nutzung der Software.

   Proprietäre Softwarelizenzen sind hierbei der Standard für kommerzielle Programme. Proprietäre (= unfreie) Lizenzen stellen Verträge über Nutzungsrechte dar, für die eine Nutzungsgebühr gezahlt wird.

   Wichtig: Veränderungen sind an der Software nicht erlaubt!
2. Freeware
   Freeware bezeichnet eine Software, die vom Autor unentgeltlich zur Verfügung gestellt wird
   = **kostenlose proprietäre Software**
3. Shareware
   (engl. „share" = „teilen" und „ware" = „Ware" oder „Produkt")
   Bei der Shareware kann die jeweilige Software - unter gewissen Einschränkungen - vor dem Kauf einige Zeit unentgeltlich genutzt und getestet werden. Erst danach wird eine Lizenzgebühr fällig, die allerdings meistens geringer ist als bei Lizenz-Software.

4. Open Source Software/Freie Software
   Freie Softwarelizenzen/Open Source Software ermöglichen eine **kostenlose Nutzung**, eine freie Weitergabe der Software sowie die freie Verfügbarkeit des Quellcodes.

   Hinweis:

   Auch Open Source Software wird meist nur unter Verwendung einer Lizenz (Nutzungsrechte) weitergegeben. Diese Lizenzen sind sehr vielfältig und können z.B. die freie Weitergabe oder Veränderung der Software von bestimmten Voraussetzungen abhängig machen.

1.6 Interpretation von Diagrammen

Der Umgang mit Diagrammen ist in zahlreichen Situationen im beruflichen Alltag notwendig. Es wird daher von den Mitarbeitern, insbesondere vom Industriemeister, erwartet, dass sie Diagramme inhaltlich analysieren, verstehen und in verbale bzw. numerische Informationen übersetzen können.

1.6.1 Arten und Aufbau von Diagrammen

DEFINITION DIAGRAMM

Ein Diagramm ist eine grafische Darstellung von Daten, Sachverhalten oder Informationen, die zahlenmäßig erfasst sind, mit dem Ziel den Zusammenhang zu verdeutlichen.

? **Welche wesentlichen Arten von Diagrammen/Diagrammformen gibt es?**

Stabdiagramm, wie Säulen- und Balkendiagramm	Bei **Stabdiagrammen** wird durch die Höhe oder Länge eines Stabes die Größe einer Zahl verdeutlicht. Dafür können Striche, aber auch Säulen oder Balken, benutzt werden. **Beachte:** Säulen- und Balkendiagramme unterscheiden sich nur dadurch, dass sie anders gedreht sind. **Stabdiagramme sind die beste Darstellungsform, um ...** ▪ einen Vergleich von Werten verschiedener Kategorien darzustellen z.B. die Ergebnisse von Fragen mit Mehrfachantworten zu präsentieren oder ▪ Entwicklungen aufzuzeigen. Beispiele für die Anwendung eines Säulen-/Balkendiagramms: Umsätze, Lagerbestände, Unfallzahlen je Monat, Nacharbeit pro Abteilung **Wichtig bei Säulen-/Balkendiagrammen:** ▪ Achseneinteilung ist sorgfältig zu wählen ▪ Nulllinie deutlich beschriften und gewählte Skalierung angeben ▪ Überschrift, sowie Säulen bzw. Balken beschriften ▪ Säulen bzw. Balken in gleicher Strichstärke sowie gleicher Breite darstellen ▪ Abstand zwischen den Säulen bzw. Balken beachten

Kreisdiagramm	Ein Kreisdiagramm (auch Torten- oder Kuchendiagramm genannt) ist besonders gut geeignet, um Mengen und deren prozentuale Anteile am Ganzen - einer Kategorie - zu vergleichen und aufzuzeigen. Es geht also um die Darstellung von Anteilen an einer Gesamtheit. Hierbei ist der Flächeninhalt entscheidend. In der 3D-Form ist das Kreisdiagramm auch als Tortendiagramm verfügbar. Beispiele für die Anwendung eines Kreisdiagramms: Umsatzverteilung, Marktanteile, Kostenzusammensetzung, Gewinnverteilung, Sitzverteilung **Wichtig bei Kreisdiagrammen:** ▪ Alle Anteile müssen zusammen 100 % ergeben ▪ Die Anzahl der Anteile und damit der Tortenstücke dürfen nicht zu zahlreich sein, sonst wird ein Tortendiagramm schnell unübersichtlich ▪ Die einzelnen Teilsegmente klar trennen z.B. durch Farbe, Schraffur
Linien-/ Kurvendiagramm	Ein Linien-/Kurvendiagramm eignet sich besonders gut, um Entwicklungen, Verläufe, Trends, Tendenzen, Prozesse und Veränderungen über einen bestimmten Zeitraum zu verdeutlichen. Die Punkte werden dabei miteinander durch Linien (Geraden, Kurven) verbunden. Ein Linien-/Kurvendiagramm kann als vorausschauende Darstellung verwendet werden, wenn davon ausgegangen werden kann, dass keine Änderungen von außen eintreten, welche die Tendenz beeinflussen. Beispiele für die Anwendung eines Linien-/Kurvendiagramms: Umsatzentwicklung, Entwicklung von Marktanteilen, Kostenentwicklung, Nacharbeitsquote, Fluktuationsquote, Verlauf von Aktienkursen, Veränderungen der Temperaturwerte im Laufe eines Jahres **Wichtig bei Linien-/Kurvendiagrammen:** ▪ Ausgangspunkt ist der Nullpunkt des Koordinatensystems ▪ **Abszisse** (→ horizontale Achse) ist i.d.R. die Darstellung des zeitlichen Ablaufs ▪ **Ordinate** (→ vertikale Achse) dient der Mengenangabe ▪ Bei mehreren Linien/Kurven ist jede Linie/Kurve zu bezeichnen, zudem sind unterschiedliche Farben zu verwenden
Punktdiagramm/ Streudiagramm/ Korrelationsdiagramm	Ein Punktdiagramm (oder Streudiagramm oder Korrelationsdiagramm genannt) stellt den Zusammenhang von zwei Merkmalen in einem Koordinatensystem zueinander grafisch dar. Die Merkmale werden hierbei als Wertepaar angegeben, welche im Diagramm als Punkte abgebildet werden. Aus deren Muster kann man Rückschlüsse auf einen statistischen Zusammenhang zwischen den beiden Merkmalen ziehen. Beispiele für die Anwendung eines Punktdiagramms: Körpergröße und Körpergewicht von Personen einer Gruppe; Lufttemperatur und Luftdruck je Tag eines Monats; Unfallrisiko und Geschwindigkeit beim Autofahren; Zufriedenheit einer Arbeitsgruppe und Arbeitsleistung; Produktpreis und Kaufanzahl; Eisumsatz und Außentemperatur

	Vorgehen: Zwei Koordinatenachsen spannen eine Fläche auf, in die die Wertepaare als Punkte eingetragen werden. Die Ausprägung der Variable A wird auf der X-Achse eingetragen, die Ausprägung der Variable B auf der Y-Achse. **Hinweise:** ■ Es eignet sich daher besonders gut, um Messwerte und mathematische Zusammenhänge von zwei Variablen zu verdeutlichen. ■ Je stärker die Korrelation, also die eindeutige Beziehung zwischen zwei Merkmalen ist, desto eher kann auch ein ursächlicher Zusammenhang vorliegen ■ Die Korrelationsanalyse kann nur Aussagen über Zusammenhänge zwischen Variablen machen, jedoch keine Aussagen über Wirkungszusammenhänge zwischen diesen.
Blasendiagramm	Ein Blasendiagramm ist eine Erweiterung des Punktdiagramms um die Darstellung eines weiteren Merkmals durch die Größe einer Blase.
Ringdiagramm	Ein Ringdiagramm zeigt die Verteilung der Einzelwerte einer Kategorie im Verhältnis zum Gesamtwert an. Hier können - im Unterschied zum Kreisdiagramm - mehrere Datenreihen eingegeben und visualisiert werden. Jeder Ring eines Ringdiagramms entspricht einer Datenreihe.
Netzdiagramm	In einem Netzdiagramm verfügt jede Netzkategorie über eine eigene Größenachse, die vom Mittelpunkt ausgeht. Alle Werte derselben Datenreihe sind über Linien miteinander verbunden. Es entsteht eine Form, die an ein Spinnennetz erinnert. Ein Netzdiagramm vergleicht die zusammengefassten Werte mehrerer Datenreihen. Dieser Diagrammtyp ist vor allem dann sehr beliebt, wenn bei einer Auswahl verschiedener Geräte, Personen usw. ein schneller Überblick erwünscht ist.
Flächendiagramm	In einem Flächendiagramm wird das Ausmaß von Änderungen bzw. die Verläufe bestimmter Größen innerhalb einer bestimmten Zeit dargestellt. Durch das Aufzeigen der Summe der aufgezeichneten Werte wird auch das Verhältnis von Teilen zu einem Ganzen verdeutlicht. Ein Flächendiagramm erweitert das Punktdiagramm, indem die Fläche zwischen Achse und Linie ausgefüllt wird.
Stärken-Schwächen-Diagramm	Mit der Stärken-Schwächen Analyse untersucht der Unternehmer sein Unternehmen auf Potenziale und Ressourcen, die noch nicht genutzt worden sind, sowie auf Schwächen, die ausgeglichen werden sollten. Mit dem Stärken-Schwächen-Diagramm lässt sich z.B. darstellen in welchen Punkten der festgelegten Kriterien man der Konkurrenz unterlegen ist (Handlungsbedarf) und in welchen Punkten man der Konkurrenz überlegen ist (Qualität halten, Stärken ausbauen).

BEACHTE

Je nach Art der Datenreihe, die dargestellt werden soll, muss der passende Diagrammtyp gewählt werden.

Welche Vorteile bieten Diagramme? ?

- Hohe Anschaulichkeit und Vereinfachung komplexer Zusammenhänge
  - → Ein gutes Diagramm ist anschaulicher als Zahlenkolonnen: „Ein Diagramm sagt mehr als 1000 Zahlen einer Tabelle!"
  - → Zahlenreihen, Größenverhältnisse, Bestandsgrößen und Strukturen sind leichter erfassbar und optisch ansprechender
  - → Das Verständnis für die Informationen wird erhöht, denn das Lesen der Diagramme ist ohne Erklärung möglich
- Leichte Vergleichbarkeit der Daten
- Muster oder Trends lassen sich leicht ablesen
- Heraushebung wesentlicher Punkte ist möglich
- Möglichkeit, mehrere Funktionen gleichzeitig darzustellen

Aber:

- Diagramme erreichen meist nicht die Genauigkeit der Zahlenwerte
- Durch eine gezielte Darstellung können die Inhalte von Diagrammen manipuliert bzw. manipulativ dargestellt werden. Dies muss bei der Interpretation von Diagrammen besonders berücksichtigt werden.

Welchen Aufbau haben Diagramme? ?

Bestandteile eines Diagramms:

- Diagrammtitel (= Überschrift)
- Achsentitel der Y-Achse
- Einheit und Rubrikenbeschriftung der Y-Achse
- Achsentitel der X-Achse
- Einheit und Rubrikenbeschriftung der X-Achse
- Legende

? Welche Aspekte hat der Meister bei der Verwendung von Diagrammen zu beachten?

- Sachgerechte Auswahl des geeigneten Diagrammtyps
- Diagrammtitel
  Jedes Diagramm braucht eine Überschrift und ggf. einen Quellenhinweis
- Geeigneter Maßstab für die Ordinate (Senkrechte; Y-Achse) und die Abszisse (Waagerechte; X-Achse) auswählen
- Eindeutige Beschriftung der Achsen
  - → Titel für Y-Achse und X-Achse
  - → Beschriftung der Achsen mit Werten, dabei auf Mindest- und Höchstwerte achten
- Passende Legende

1.6.2 Rahmenbedingungen des Zahlenmaterials

Das Zahlenmaterial für Diagramme entstammt meist der betrieblichen Statistik. Dafür werden Daten aus allen Bereichen des Betriebs erfasst und aufbereitet.

DEFINITION BETRIEBLICHE STATISTIK

Unter der betrieblichen Statistik versteht man die Sammlung, Aufbereitung, Auswertung und Analyse betrieblichen Zahlenmaterials zum Zwecke der Planung und Kontrolle.

In der betriebswirtschaftlichen Statistik sollen die unzähligen Detailinformationen, die tagtäglich im Unternehmen (→ Inneninformationen) und dessen Umwelt (→ Außeninformationen) anfallen, strukturiert, systematisiert und verdichtet werden, um in aufbereiteter Form betriebswirtschaftliche Entscheidungen zu ermöglichen bzw. deren Risiko zu vermindern.

Eine gute und übersichtliche Darstellung der betrieblichen Zahlen kann insbesondere bei Entscheidungen helfen. Die Geschäftsleitung zieht aus dem Zahlenmaterial Rückschlüsse und leitet daraus Trends, Regeln und Gesetzmäßigkeiten ab.

BEACHTE

Vor Erfassung des Zahlenmaterials muss man eine exakte Problemformulierung vornehmen.

1.6.3 Auswertung in Abhängigkeit vom Prozess

Bei der Datenauswertung werden die wesentlichen Informationen zum entsprechenden Kriterium in verdichteter Form wiedergegeben.

Was ist bei der Interpretation von Diagrammen zu beachten? ?

- Es ist sehr wichtig, die Datenbasis so zu wählen, dass man aus dem erstellten Diagramm die richtigen Schlüsse ziehen kann.
- Es muss auf eine korrekte Umsetzung der Datenbasis geachtet werden.
- Das Diagramm muss maßstabsgerecht gezeichnet und mit klaren Bezeichnungen und Angaben exakt beschriftet sein. Die Achsen müssen eine sinnvolle Einteilung aufweisen.
- Der Leser des Diagramms muss den Hintergrund des Datenmaterials kennen.
- Zusätzliche Informationen müssen mitgeliefert werden, wenn sie für das Verständnis wichtig sind.
- Aus dem Diagramm muss für den Leser ein Maßstab zu erkennen sein.
- Die Daten müssen so ausgewählt werden, dass sie miteinander vergleichbar und in einem Koordinatensystem darstellbar sind.

Welche Probleme sind bei einer betrieblichen Statistik zu beachten? Welche Fehlerquellen können auftreten? ?

Probleme der betrieblichen Statistik:

- Problem der Verfälschung
  - → Statistische Informationen lassen sich durch eine geschickte Auswahl der Werte in der Grafik manipulieren.
  - → „Glaube keiner Statistik, die du nicht selbst gefälscht hast."
- Problem der Scheinkorrelationen
  - → Eine gleichgerichtete Entwicklung zweier Werte bedeutet nicht automatisch, dass zwischen ihnen ein Kausalzusammenhang besteht.
  - → Bsp.:
    Steigt der Konsum von Eis steigen auch die Fälle von Sonnenbrand. Diese beiden Größen hängen trotz Korrelation nicht kausal voneinander ab, denn ein hoher Eiskonsum führt nicht zu Sonnenbrand.

- Problem des Übersehens von Zusammenhängen
  - → Eine Grafik kann nicht alle Informationen wiedergeben, die im Zahlenmaterial enthalten sind. Daher können Informationen in die Datenbasis keinen Eingang finden, die aber wichtig für das Verstehen von Zusammenhängen sind.
- Zu starke Vereinfachung durch Verdichtung der Daten
  - → Um einen schnellen Überblick über das Zahlenmaterial zu erlangen, werden die Informationen verdichtet und zusammengefasst. Dabei besteht die Gefahr der Verfälschung, indem nicht alle Informationen wiedergegeben werden bzw. das Diagramm zu stark vereinfacht dargestellt wird.

? **Welche Fehlerquellen können bei der Erstellung von Diagrammen im PC auftreten?**

Zu den typischen Fehlern bei der Erstellung eines Diagramms im PC gehören …

- eine falsche Auswahl der Diagrammart
  - → oftmals sind Diagrammarten voreingestellt - diese werden dann ohne nachzudenken verwendet, oder
  - → der Benutzer weiß nicht, welches Diagramm am besten für die konkrete Darstellung der Aufgabe geeignet ist
- eine falsche oder ungenaue Wahl der Perspektive bzw. Verzerrung der Proportionen
- die Zusammenfassung unterschiedlicher Dimensionen in einem Diagramm
- eine falsche Umsetzung der Datenbasis

2

Bewerten von Planungstechniken und Analysemethoden sowie deren Anwendungsmöglichkeiten

Strukturierung der schriftlichen Prüfung	20%

2.1 Persönliche und sachliche Voraussetzungen zum optimalen Arbeiten

Der persönliche Arbeitsstil wird zum einen durch die persönlichen Eigenschaften des Mitarbeiters (= **persönliche Voraussetzungen**) und zum anderen durch die Gegebenheiten im Betrieb (= **sachliche Voraussetzungen**) bestimmt.

2.1.1 Individueller Umgang mit der Zeit

Die richtige Zeiteinteilung ist eine wesentliche Voraussetzung für optimales Arbeiten. Daher ist das Zeitmanagement so wichtig.

? **Was versteht man unter „persönlichem Zeitmanagement"?**

DEFINITION PERSÖNLICHES ZEITMANAGEMENT

Unter persönlichem Zeitmanagement versteht man Strategien und Werkzeuge, die dem Einzelnen dabei helfen sollen, die anstehenden Aufgaben und Termine innerhalb des zur Verfügung stehenden Zeitraums systematisch und diszipliniert zu planen und abzuarbeiten.

Hintergrund des Zeitmanagements ist, dass fehlende Zielsetzung, Planung, Aufgabenorganisation sowie Prioritätensetzung einen großen Teil der nutzbaren Zeit im Unternehmen kosten, wodurch das wirtschaftliche Leistungspotenzial nicht richtig genutzt werden kann.

Im betrieblichen Sinne ist das Zeitmanagement daher mit Arbeitsmethodik gleichzusetzen.

? **Was sind allgemeine Strategien des persönlichen Zeitmanagements (= Maßnahmen zur Zeitplanung)?**

Allgemeine Strategien/Maßnahmen zur Zeitplanung:

- Prioritäten setzen und konsequente Ausrichtung auf das Wesentliche
  - → möglichst nur das Wesentliche tun
  - → Arbeitsblöcke für gleichwertige Aufgaben - z.B. für Aufgaben mit mittlerer Priorität - bilden und für diese Aufgaben Zeitblöcke planen

- Führen eines Zeitprotokolls
- Tages- und Wochenplanung
- Gründliche Strukturierung der eigenen Arbeit, z.B. durch das Notieren der Aufgaben eines Arbeitstages oder das Planen des nächsten Arbeitstages am Vorabend
  - → Zeitlimits für jede Aufgabe setzen
  - → Pufferzeiten einplanen
  - → realistische Dauer für die Vorgänge einplanen
- Berücksichtigen der Leistungshochs und –tiefs im Tagesverlauf
- Störungen minimieren oder beseitigen
- Delegationsverhalten,
  d.h. delegierbare Aufgaben an andere abgeben
- Steigerung der Motivation durch z.B. positive Grundhaltung
- Erfolgskontrollen durchführen

Welche Vorteile hat eine Zeitplanung? ?

Die Zeitplanung ...

- entlastet den „Kopf"
- schafft Überblick
- ermöglicht eine Konzentration auf das Wesentliche
- erlaubt einen ständigen Soll-Ist-Vergleich
- ermöglicht eine Dokumentation
- visualisiert Zeit- und Ressourcenfresser

Was besagt die Leistungskurve? ?

DEFINITION LEISTUNGSKURVE

Die Leistungskurve (auch Arbeitskurve oder Tagesrhythmuskurve genannt) ist die Darstellung der Arbeitsleistung eines Arbeitnehmers in Abhängigkeit von der Tageszeit unter Berücksichtigung seiner Durchschnittsleistung (100 Prozent).

Die Leistungskurve ist für Schwankungen der persönlichen Leistungsfähigkeit des Mitarbeiters im Tagesverlauf verantwortlich. Dabei kann man bei den meisten Menschen einen ähnlichen (biologischen) Leistungsverlauf feststellen, der sich im Voraus absehen lässt.

Grundsätzlich ist Folgendes bei der Leistungskurve festzustellen:

Die durchschnittliche Leistungskurve steigt morgens steil an und erreicht vormittags das Leistungshoch. Dieses Niveau wird während des gesamten Tages nicht mehr erreicht. Nach dem Mittagessen fällt das Leistungsniveau stark ab - das allgemein bekannte Nachmittags-Schlaf-Tief - und steigt zum Abend wieder zu einem zweitem Leistungshoch an. Nach diesem erneuten Zwischenhoch am Abend fällt die Leistungskurve kontinuierlich ab, um dann einige Stunden nach Mitternacht ihren absoluten Tiefpunkt zu erreichen.

Aber natürlich kann die persönliche Leistungskurve im Einzelfall von der durchschnittlichen Leistungskurve abweichen.

Konsequenzen aus der Leistungskurve:

Wer seine Leistungskurve kennt, wer also weiß, zu welcher Tageszeit er am meisten leisten kann, kann seinen Arbeitstag entsprechend besser planen und somit auch effizienter gestalten.

- Erledigung der komplizierten und sehr wichtigen Dinge (A-Aufgaben) während des Leistungshochs am Vormittag
- Das Leistungstief am frühen Nachmittag für Routinetätigkeiten (C-Aufgaben) nutzen oder auch für soziale Kontakte
- Erledigen der wichtigen Aufgaben (B-Aufgaben) am späten Nachmittag, wenn die Leistungskurve wieder ansteigt

Die eigene Leistungskurve kann man herausfinden, wenn man sich für einen gewissen Zeitraum beobachtet.

Helfende Fragestellungen:

- „Zu welcher Tageszeit kann ich mich am besten konzentrieren?"
- „Zu welcher Tageszeit fällt mir die Aufmerksamkeit schwer, wann überfällt mich die Müdigkeit in der Arbeit?"

? **Wie geht man bei der optimalen Planung der eigenen zur Verfügung stehenden Arbeitszeit vor?**

Ziel ist es, die zur Verfügung stehende (Arbeits-)zeit sinnvoll und optimal zu nutzen.

1. Schritt: Ist-Analyse der Zeitausnutzung, der Zeitverluste und der Zeitfresser

Zeitnutzungs-analyse	Messung des Zeitverbrauchs	Erstellen eines **Zeitprotokolls** und Produktivitätsanalyse ■ Detaillierte Ist-Analyse über die momentane Ausnutzung der Arbeitszeit ■ Anfertigen eines Zeitprotokolls aller beruflichen Tätigkeiten über eine Woche hinweg ■ Analyse des Zeitprotokolls (z.B. mit Hilfe eines Tabellenkalkulationsprogramms): Für welche Aktivitäten wird wie viel Zeit tatsächlich aufgewendet?

Zeitverlust-analyse und Zeitfresser analyse	Fehlerquellen für Zeitverluste und Ursachen für unnötigen Zeitverbrauch (= Zeitfresser)	Erstellen von **Strichlisten** der Störungen, der Unterbrechungen und der Zeitfresser, ■ „Wie kann der Industriemeister bei der Analyse der Zeitfresser/Störfaktoren vorgehen?“ ■ „In welchen Bereichen liegen hauptsächlich die Ursachen für eine Störung?“

2. Schritt: Nutzen der Techniken der Prioritätensetzung und der Techniken des Rationalisierens von Arbeitsvorgängen

Techniken der Prioritätensetzung	Techniken des Rationalisierens von Arbeitsvorgängen
■ Pareto-Prinzip ■ Eisenhower-Prinzip ■ Terminübersichten ■ ABC-Analyse ■ Alpen-Methode ■ Nein-Sagen ■ Vier Entlastungsfragen	■ 6 Informationskanäle ■ 3-Körbe-System ■ Schreibtischmanagement ■ Telefonmanagement ■ Terminübersichten ■ Checklisten ■ Hängeregistratur ■ Smartphone/PDA ■ Organisations– und Planungsprogramme

Im Folgenden werden die beiden Schritte näher erläutert.

Wie kann der Industriemeister bei der Analyse der Zeitfresser/Störfaktoren vorgehen? ?

1. Ermitteln der persönlichen Zeitfresser/der Störfaktoren

   Erst wenn man die Störursachen kennt, kann man sie bearbeiten.

   Ein einfaches Instrument für das Erfassen der „Zeitfresser“ stellt eine Strichliste dar, auf der Art und Häufigkeit der Störungen aufgeschrieben und gezählt werden.
   Die Strichliste sollte in innere und äußere Störfaktoren eingeteilt und über einen längeren Zeitraum geführt werden.

2. Suche nach möglichen Ursachen und nach Lösungsmöglichkeiten

   → Welche Störung behindert die Person am meisten?

   → Welche Störung lässt sich beseitigen bzw. vermindern und wodurch?

3. Festlegen der konkreten Schritte und Maßnahmen zur Beseitigung oder Verminderung der Störfaktoren

   → Was kann die Person wie und bis wann tun?

? **In welchen Bereichen liegen hauptsächlich die Ursachen für eine Störung?**

Ursachen einer Störung sind hauptsächlich begründet ...

- in der eigenen Person (= innere Störfaktoren)
- in der Betriebsorganisation (= äußere Störfaktoren)

Innere Störfaktoren	Äußere Störfaktoren
■ Psychologisch bedingte Störungen wie Unlust, Übermüdung, fehlende Motivation, Ängste und Sorgen ■ Selbst verursachte Störungen wie Unordnung am eigenen Arbeitsplatz, schlechte Zeiteinteilung, Hektik, Langsamkeit, Weitschweifigkeit, ungenügende Fertigkeiten	■ Störungen durch Personen wie Vorgesetzte, Kollegen, Kunden, E-Mails, Telefonate, soziale Kontakte ■ Störungen durch Reize wie Unordnung, schlecht klimatisierter Arbeitsraum, Luftzug, Geräusche, Lärm, visuelle Reize, Gerüche

? **Welche Techniken der Prioritätensetzung werden unterschieden?**

Pareto-Prinzip/ 80:20-Regel	Das Pareto-Prinzip (auch 80:20 Regel genannt) besagt, dass wichtige Dinge zumeist nur einen kleinen Anteil innerhalb der Gesamtmenge ausmachen. **Die Pareto-Regel lautet:** **20 % der Ursachen/des Aufwands sind für 80 % der Folgen/der Auswirkungen/der Ergebnisse verantwortlich.** <u>Bsp.:</u> 20 % der Kunden bringen 80 % des Umsatzes, 20 % der Fehler bringen 80 % des Ausschusses, 20 % der Produkte erwirtschaften 80 % des Umsatzes **Bezogen auf das persönliche Zeitmanagement:** Mit 20 % des Aufwands werden 80 % der Arbeitsergebnisse erreicht - die restliche 80 % der Arbeitsenergie bringt nur noch 20 % der Gesamtleistung. **Ziel des Pareto-Prinzips** ist es, die wichtigsten 20 % der Aufgaben/der Erfolgsverursacher zu identifizieren und diese mit der höchsten Priorität zu versehen.

Terminübersichten	Terminübersichten erleichtern die **Termineinhaltung**. Sie können manuell oder im Rahmen eines unternehmensweiten Zeitmanagementsystems geführt werden. Terminübersichten können z.B. Tages-, Wochen- und Monatspläne, Zeit- und Zielpläne erfassen.
Eisenhower-Prinzip	Das Prinzip ist nach dem amerikanischen General und Präsidenten der Vereinigten Staaten (1953-1961) Dwight D. Eisenhower benannt. Das Eisenhower-Prinzip ist die Kunst, Wesentliches vom Unwesentlichen zu unterscheiden. Es hilft beim Erkennen von Prioritäten und beim Einordnen der Kernaufgaben. **Beim Eisenhower-Prinzip wird bei jedem Vorgang unterschieden nach** → der **Dringlichkeit** (Zeit-/Terminaspekt) **und** → der **Wichtigkeit** (Bedeutung der Sache). Für den Erfolg ist nach Eisenhower vor allem entscheidend, sich zuerst um das Wichtigste zu kümmern, d.h., **Wichtigkeit geht vor Dringlichkeit!** **Nach Eisenhower gibt es vier Bereiche:** 1. Aufgaben, die sowohl wichtig als auch dringlich sind: Diese müssen sofort, vom Industriemeister selbst, angepackt werden. 2. Aufgaben, die wichtig, aber nicht dringlich sind: Diese werden in die Zeitplanung aufgenommen und evtl. delegiert. 3. Aufgaben, die unwichtig, aber dafür dringlich sind: Diese werden delegiert und/oder reduziert. 4. Aufgaben, die unwichtig und nicht dringlich sind: Diese gehören in den Papierkorb bzw. die Aktivität wird abgeschafft.
ABC-Analyse	Die ABC-Analyse (oder Prioritäten-Analyse) ist ein **Verfahren zur Priorisierung von Aufgaben, Problemen und Aktivitäten** und damit ein Mittel zur Planungs– und Entscheidungshilfe. Es geht darum, das Wichtige zu erkennen und sich darauf auszurichten. **Die Aufgaben werden in folgende drei Klassen eingeteilt:** A-Aufgaben: sehr wichtige Aufgaben, hohe Priorität, umsatzstark, ca. 10 % aller Aufgaben; tragen ca. 60-85 % zur Zielerreichung bei, morgens zu erledigen B-Aufgaben: wichtige Aufgaben, mittlere Priorität, mittlere Umsatzstärke, ca. 20-30 % aller Aufgaben; tragen ca. 10-25 % zur Zielerreichung bei, nachmittags zu erledigen C-Aufgaben: weniger wichtige Aufgaben, geringe Priorität, umsatzschwach, ca. 65-80 % aller Aufgaben; tragen ca. 5-15 % zur Zielerreichung bei, nachmittags zu erledigen

	Ziel der ABC-Analyse ist es herauszufinden, welchem Bereich besondere Aufmerksamkeit geschenkt werden soll, also das Wesentliche vom Unwesentlichen zu trennen. **Insbesondere sollen ...** ■ die einzelnen Aufgaben in priorisierter Reihenfolge und in der jeweils günstigen Zeitspanne ausgeführt werden ■ Ansatzpunkte zur Verbesserung (Rationalisierungsmaßnahmen) identifiziert werden ■ Anstrengungen identifiziert werden, die wirtschaftlich wenig Wirkung zeigen ■ wirtschaftliche Entscheidungen belegt werden **Beachte:** Die ABC-Methode ist keine exakte Berechnungsvorschrift, sondern eher eine Methode zum Klassifizieren der Aufgaben oder der Güter.
ALPEN-Methode	**Die ALPEN-Methode nach Lothar Seiwert:** A = Alle Aufgaben, die zu erledigen sind, aufschreiben und beschreiben L = Länge der voraussichtlich benötigten Zeit zur Bewältigung jeder Aufgabe schätzen (Orientierungsrahmen) P = Pufferzeiten reservieren, 40:60 Faustregel, d.h. nur 60 % der täglichen Arbeitszeit verplanen - der Rest bleibt für Unvorhergesehenes reserviert E = Entscheidungen treffen, d.h., Prioritäten setzen und Delegieren von Aufgaben N = Nachkontrolle durchführen, d.h. am Ende des Tages wird eine Statistik über geplante und tatsächlich erledigte Arbeiten erstellt. Unerledigtes wird auf den nächsten Tag übertragen.
Nein-Sagen	Es fällt schwer, „Nein" zu sagen, wenn man mit Wünschen, Anfragen oder Erwartungen überhäuft wird, denn wir wollen anderen helfen, wir freuen uns, wenn wir gebraucht werden und unentbehrlich sind und wir wollen niemanden verletzen bzw. vor den Kopf stoßen. Aber „Nein-Sagen" verschafft Zeit. Also im konkreten Fall abwägen, ob das „Nein-Sagen" möglich ist.
Vier Entlastungsfragen bzw. Warum-Fragen des Zeitmanagements	**Die vier Entlastungsfragen/Warum-Fragen des persönlichen Zeitmanagements lauten:** 1. Warum gerade ich? → Die Beantwortung dieser Frage zeigt dem Industriemeister Tätigkeiten, die er delegieren kann. → Ist es möglich, die Aufgabe(n) zu delegieren? 2. Warum gerade jetzt? → Bei der Beantwortung dieser Frage entscheidet der Industriemeister, welche Aufgaben sofort erledigt werden müssen und welche Aufgaben auf andere Termine verschoben werden können.

	→ Muss die Aufgabe sofort erledigt werden oder kann sie auf Termin gelegt werden? 3. Warum so? Warum auf diese Weise? → Diese Frage lässt den Industriemeister die Aufgaben auf eine neue Art betrachten. → Ist es möglich, die Lösung zu verschlanken oder zu rationalisieren? 4. Warum überhaupt? → Mit dieser Frage kann der Industriemeister zeitfressende Tätigkeiten aufspüren, die ihn den gesteckten Zielen nicht näherbringen. → Welche Zeitfresser bestehen? Wie lassen sich die Zeitfresser beseitigen? **Beachte:** Im Ergebnis dieser Analyse können Arbeitsvorgänge delegiert oder rationalisiert werden.

Welche Techniken des Rationalisierens von Arbeitsvorgängen werden unterschieden? ?

Hinweis:

In der richtigen Arbeitsplatzgestaltung (wie übersichtliche Ablagestruktur, Schreibtischmanagement) liegt ein wesentlicher Erfolg für Zeit- und Selbstmanagement.

6 Informationskanäle	Zur Beherrschung der Papiermenge auf dem Schreibtisch kann man folgende 6 Informationskanäle nutzen: ■ Kanal 1: Lesen und vernichten ■ Kanal 2: Lesen und weiterleiten ■ Kanal 3: Lesen und delegieren ■ Kanal 4: auf Wiedervorlage legen ■ Kanal 5: in laufende Vorgänge einordnen ■ Kanal 6: Sofort selbst erledigen **Beachte:** Bereits beim Eintreffen der Information wird die Entscheidung getroffen, auf welche Weise sie bearbeitet wird.

Schreibtisch-management	Bei einem Schreibtisch, der aussieht wie ein Schlachtfeld, verliert man durch sinnloses Suchen wertvolle Zeit und Energie. Daher 1. **aufräumen**, d.h. alles in den Papierkorb, was keinen offensichtlichen Nutzen hat und 2. **Aufgaben planen und sortieren**, damit zukünftig Aufgaben schneller und effektiver erledigt werden können.
Telefon-management	Telefongespräche sind oft zeitraubend und ineffizient. Um mehr **Effizienz bei Telefongesprächen** zu erreichen, sollte man Folgendes beachten: → Anrufe vorbereiten d.h. wann und wen rufe ich an, was will ich mit dem Anruf erreichen, auf welche Gegenargumente muss ich mich einstellen, benötige ich Unterlagen für das Gespräch? → Verbindlichkeiten schaffen d.h. Notizen während des Gesprächs anfertigen und zum Abschluss das Wesentliche zusammenfassen, kein Geplauder, kurze verständliche Formulierungen wählen → Vor Telefonaten abschirmen d.h. Beendigungsfloskeln zulegen, wie „Ich muss leider zu einem Termin" → Vorgabe von Telefonzeiten und telefonfreien Zeiten d.h. Einplanen von Zeiten, in denen der Industriemeister erreichbar ist, selbst Abrufe tätigt bzw. nicht erreichbar ist. Telefonanrufe „blockweise" organisieren, wie einen Termin im Kalender. **Beachte:** Prüfen Sie, ob eine asynchrone Kommunikation (z.B. E-Mail) für den konkreten Zweck ausreichend ist.
Terminplanung	Die Terminplanung legt die logische Folge der erforderlichen Arbeitsschritte und Aktivitäten fest und schätzt deren Zeit ab. Hierbei sind Pufferzeiten einzuplanen. **Vorgehen:** 1. Ziele setzen 2. Arbeitsvorgänge festlegen 3. Reihenfolge der Arbeitsvorgänge festlegen 4. Zeiten festlegen **Beachte:** Nur so viele Termine annehmen, wie auch erledigt werden können.
3-Körbe-System	**Sortieren mit dem 3-Körbe-System:** Der Schreibtisch hat 3 Körbe: Eingangskorb, Ausgangskorb und Papierkorb. Jedes Schriftstück beginnt im Eingangskorb. Auf dem Schreibtisch liegt nur der aktuelle Vorgang mit den aktuell benötigten Informationen. Jeden Abend sind alle drei Körbe leer.

Checklisten	**Erstellen von Checklisten für Routinevorgänge:** Checklisten zerlegen einen Bereich in eine Liste der wesentlichen Bestandteile bzw. Kriterien. Diese Liste bildet eine Grundstruktur, die ständig verbessert werden kann. **Vorteile von Checklisten:** Übersichtlichkeit, Entlastung der Denkleistung, klares und verbindliches Vorgehen, Checklisten erleichtern Vertretungseinsätze **Vorgehen zur Erstellung einer Checkliste:** 1. Arbeit/Tätigkeit auswählen 2. Gesamtablauf in Arbeitsetappen und -phasen zerlegen 3. Logische Reihenfolge des Ablaufs zusammenstellen 4. Gruppenbildungen vornehmen 5. Vorläufige Checkliste überarbeiten
Hängeregistratur	In der Hängeregistratur sind alle Vorgänge in Hängemappen eingeordnet, die auf Laufschienen abgehängt werden. Die Hängemappen sind durch Beschriftungslaschen („sog. Reiter") beschriftet, sodass ein schneller Zugang zu den Dokumenten gewährleistet ist. Daneben ist auch eine direkte Beschriftung der Hängeregistratur möglich, da diese aus Pappe sind. Die Reiter sind seitlich verschiebbar, sodass sie auch bei vielen Heftern hintereinander noch gut lesbar sind. Die Position des Reiters an der Hängemappe kann auch den Status der Akte anzeigen (<u>Bsp.:</u> "in Planung", "auf Rückruf warten" etc.). Eine farbliche Gestaltung der Hängeregistratur ist auch möglich. Hängeregistraturen gibt es von kleinen Tischregistraturen, über Rollcontainer zu Aktenregalen mit Platz für Tausende von Akten. **Vorteile einer Hängeregistratur:** ▪ Unterlagen sind durch einfaches Hineinlegen schnell geordnet (→ Loseblattsammlung) ▪ Gute Übersicht und schneller Zugriff ▪ Optimal für die schnelle, vollständige Ablage, insbesondere durch die Verwendung von Zwischenhängeregistraturen (wie „zu erledigen", „wichtig", oder „je Monat" etc.) ▪ Vermeidung von Stapelbildung auf dem Schreibtisch, sodass die Arbeitsfläche genutzt werden kann ▪ Flexibel auf die Bedürfnisse anpassbar und umsortierbar ▪ Immer in Reichweite **Nachteile einer Hängeregistratur:** ▪ Papiere können evtl. seitlich herausfallen ▪ Kosten für die Hängeregistratur ▪ Platzbedarf einer separaten Hängeregistratur

PC-Technik, EDV-gestützte Programme	Mit Hilfe der PC-Technik können inzwischen fast alle gewünschten Anwendungen und Fragestellungen mit der Unterstützung eines Softwareprogramms gelöst werden. <u>Bsp.</u> ■ Textverarbeitungsprogramme ■ Dokumentenvorlagen ■ Tabellenkalkulationsprogramme ■ Adressverzeichnis, Notizzettel ■ Elektronische Ablage und Dokumentationsprogramme
Smartphones (früher: PDA)	Smartphones (früher auch PDAs Personal Digital Assistant) sind mobile kompakte Rechner (Handheld-PC´s ohne Tastatur) meist mit integriertem Mobiltelefon in der Größe eines Notizbuches. Die Eingabe erfolgt über den berührungsempfindlichen Bildschirm. Die Eingaben werden dabei entweder auf einer virtuellen Tastatur oder per Handschriftenerkennung gemacht. Auf Smartphones werden aus Sicht des Zeit– und Selbstmanagements Kalender-, Adress- und Aufgabenverwaltungen verwendet, es können aber auch andere Programme oder Office-Dateien verarbeitet werden. Die Daten können auch mit dem PC oder anderen mobilen Geräten abgeglichen werden (= Synchronisation). Auf diese Weise bringen sich beide Geräte gegenseitig auf den neuesten Stand. Smartphones werden in der Industrie auch häufig als mobile Diagnosesysteme oder zur mobilen Datenerfassung genutzt.
Blackberry	Das Blackberry wird von der Firma RIM entwickelt. Es ist ein tragbares Gerät ähnlich einem Smartphone, das speziell zum Lesen und Schreiben von E-Mails gedacht ist. Die Besonderheit des Blackberry ist, dass es E-Mails mit einem Push-Dienst empfangen und senden kann, d.h. E-Mails werden automatisch vom Gerät empfangen. Sie müssen also nicht wie etwa bei einem E-Mail-Programm auf einem PC abgerufen werden.

2.1.2 Persönliche Arbeitsmethodik

DEFINITION ARBEITSMETHODIK

Der Begriff Arbeitsmethodik beschreibt die Techniken und Regeln für eine rationelle und effektive Gestaltung von Arbeitsprozessen unter möglichst minimalem Aufwand an Kapital, Arbeitskraft, Material und Zeit im Privatbereich und in Organisationen.

Jede Person hat ihren **eigenen Arbeitsstil**, der ihren beruflichen Alltag entscheidend prägt.

Was versteht man unter einem individuellen Arbeitsstil? ?

DEFINITION INDIVIDUELLER ARBEITSSTIL

Der individuelle Arbeitsstil stellt einen kontinuierlichen Prozess dar. Dieser ist abhängig von den jeweiligen Zielen der Person, von Ihren Neigungen und Gewohnheiten.

Zunächst geht es um das kritische Hinterfragen der Arbeitsgewohnheiten und Neigungen:

- Was passiert mit meiner Zeit - mit welchen Aktivitäten gefüllt, vergeht sie?
- Entspricht das Ergebnis meiner Zeiteinteilung meinen Vorstellungen?
- Wie wichtig ist es mir, effizient mit meiner Zeit umzugehen?
- Wie organisiere ich mich selbst?
- Bin ich von der Wichtigkeit des Einsatzes von Arbeitstechniken überzeugt?
- Kann ich mit meiner Zeiteinteilung für mich optimale Ergebnisse erzielen?
- Was passiert bei unvorhergesehenen Ereignissen?

Weiterhin geht es um das kritische Hinterfragen der eigenen Ziele:
Wo stehe ich heute? Wo will ich morgen sein und wie komme ich dorthin?

Konkrete Zielformulierung:

- Was soll erreicht werden (Inhalt)?
- Wie gut soll es erreicht werden (Qualität)?
- Bis wann soll es erreicht werden (Zeit)?
- Warum soll es erreicht werden (Mehrwert, Sinn)?

Wie kann der Industriemeister seine Arbeitsmethodik im Sinne einer besseren Zeitplanung verbessern? ?

Eine bessere Arbeitsmethodik kann der Industriemeister durch folgende Maßnahmen erreichen:

1. Aufgaben notieren
2. Länge der Aufgaben einschätzen
3. Pufferzeiten einplanen
4. Entscheidungen treffen
5. Nachkontrolle durchführen

2.1.3 Kontrolle im Arbeitsbereich

Systematische und regelmäßige Kontrolle im Arbeitsbereich ist unerlässlich und eine wichtige Führungsaufgabe des Meisters.

Der Meister kontrolliert systematisch, wenn er ...

- die Formen der Kontrolle richtig anwendet
- das Maß der Kontrolle der Arbeitssituation anpasst
- den Zeitpunkt der Kontrolle richtig wählt
- klare Maßstäbe/Vorgaben für die Kontrolle mit dem Mitarbeiter vereinbart
- die notwendigen Kontrollen konsequent durchführt
- die regelmäßige Arbeitsleistung und das regelmäßige Arbeitsverhalten der Mitarbeiter beobachtet

  Beachte:

  Hierbei sollen möglichst viele Einzelbeobachtungen bei wechselnden Anforderungen und unterschiedlichen Zeitpunkten erfolgen!

Im Unternehmen ist zum einen die Selbstkontrolle und zum anderen die Kontrolle über Zielvereinbarungen herauszuheben.

- Selbstkontrolle

  Mitarbeitern wird es ermöglicht, sich soweit wie möglich selbst zu kontrollieren. Voraussetzung ist ein partizipativer Führungsstil.

  Vorteil:

  Der Mitarbeiter wird durch die ihm gewährte Mitwirkung an Entscheidungen selbstbewusster. Er fühlt sich für seine Aufgaben verantwortlich und nicht als austauschbarer weisungsgebundener Mitarbeiter.

- Zielvereinbarung

  Die Zielkontrolle ist Teil des regelmäßigen Zielvereinbarungsgesprächs. Hierbei ist zu prüfen, ob das gesteckte Ziel auch erreicht wurde. Bei Feststellung von Zielabweichungen oder Fehlentwicklungen sind diese zu erörtern, die Ursachen zu analysieren und zu korrigieren. Evtl. Maßnahmen einleiten, die die Zielerreichung ermöglichen oder die Anpassung des Ziels ermöglicht, z.B. wenn sich Rahmenbedingungen geändert haben.

  Beachte:

  → Die Kontrolle darf jedoch nicht als ständige Überwachung des Verhaltens oder des Arbeitsprozesses angelegt sein.

  → Ziele müssen SMART formuliert sein. SMART ist ein Akronym für „Specific Measurable Achievable Relevant (Realistic) Timely" und dient als Kriterium zur eindeutigen Definition von Zielen im Rahmen einer Zielvereinbarung.

Ziele müssen „SMART" sein:

S	**Spezifisch**	→ Was genau will ich erreichen? → Ziele müssen eindeutig definiert sein (nicht vage, sondern so präzise wie möglich)
M	**Messbar**	→ Wie kann ich die Zielerreichung messen? → Ziele müssen messbar sein → Messbarkeitskriterien: wer, was, wann, wie viel, wie oft?
A	**Angemessen/ Attraktiv**	→ Ist das Ziel interessant, herausfordernd, motivierend, aber auch erreichbar?
R	**Realistisch/ Relevant**	→ Kann das Ziel in der vorgegebenen Zeit, unter den gegebenen Umständen erreicht werden? Ist das Ziel möglich? → Ziele sollen zudem bedeutsam sein (d.h einen Mehrwert bringen)
T	**Terminiert**	→ Bis wann soll das Ziel erreicht sein? → Zu jedem Ziel gehört eine klare Terminvorgabe, bis wann das Ziel erreicht sein muss

2.1.4 Gestaltung des eigenen Arbeitsplatzes

Der tägliche Ort der Arbeit sollte ergonomisch gestaltet sein.

Bei der ergonomischen Arbeitsplatzgestaltung geht es darum, die Belastung des arbeitenden Menschen, auch bei langfristiger Ausübung der Tätigkeit, so gering wie möglich zu halten.

DEFINITION ERGONOMIE

Ergonomie (griechisch) ist die Lehre von den optimalen Arbeitsbedingungen.

DEFINITION ARBEITSPLATZ

Der Arbeitsplatz ist der räumliche Bereich im Arbeitssystem, in dem die Arbeitsaufgabe erfüllt wird.

Die ergonomische Arbeitsplatzgestaltung geschieht durch die Optimierung des Arbeitsplatzes, der Arbeitsmittel und der Arbeitsumgebung unter Einsatz technischer, medizinischer, psychologischer sowie sozialer und ökologischer Erkenntnisse, wodurch bessere Bedingungen für den Arbeitenden geschaffen werden.

Im Vordergrund steht die Verbesserung der Mensch-Maschine-Schnittstelle.
Es sollen optimale Bedingungen für das Zusammenwirken von Mensch, Technik, Information und Organisation im Arbeitssystem geschaffen werden.

BEACHTE

Die Arbeitsumgebung muss an den Menschen angepasst werden und nicht der Mensch an die Umgebung.

Der Arbeitsplatz ist optimal, wenn ...

- der Arbeitsfluss ungestört erfolgt und für die Arbeitsleistung förderlich ist,
- das Arbeiten ohne lange Lauf- und/oder Verlustwege erfolgt und
- die individuellen Körpermaße und Bewegungsabläufe bei der Arbeitsplatzgestaltung berücksichtigt werden.

Die ergonomische Arbeitsplatzgestaltung sorgt für ...

- menschengerechte Arbeit
- erhöhte Produktivität
- eine Steigerung von Motivation und Arbeitszufriedenheit der Mitarbeiter
- höhere Wirtschaftlichkeit, Leistungs- und Effizienzsteigerung
- ein Wohlfühlen am Arbeitsplatz, mehr Arbeitsfreude
- langfristige Senkung des Krankenstandes und der Fehlzeiten
- einen dynamischen und effizienten Arbeitsstil
- weniger Arbeitsbelastungen
- ermüdungsarmes Arbeiten
- ein verändertes Bewegungsverhalten

BEACHTE

Die Pflichten der Arbeitgeber in Bezug auf den Arbeitsplatz regelt die **Arbeitsstättenverordnung** ArbStättV. Diese wird konkretisiert durch die Arbeitsstättenrichtlinie und die berufsgenossenschaftlichen Vorschriften.

Was versteht man unter einem Bildschirmarbeitsplatz? ?

DEFINITION BILDSCHIRMARBEITSPLATZ

Der Bildschirmarbeitsplatz ist eine gebräuchliche Bezeichnung für einen Arbeitsplatz in der elektronischen Datenverarbeitung (EDV).

Der Industriemeister sollte sowohl bei sich selbst, als auch bei seinen Mitarbeitern darauf achten, dass die grundlegenden Bestimmungen über PC-Arbeitsplätze eingehalten werden, um gesundheitliche Schäden zu vermeiden.

Welche ergonomischen Anforderungen sind an einen PC-Arbeitsplatz/Bildschirmarbeitsplatz zu stellen? ?

Nach der Bildschirmarbeitsverordnung (= Verordnung über Sicherheit und Gesundheitsschutz bei der Arbeit an Bildschirmgeräten, BildscharbV) werden folgende Anforderungen an einen Bildschirmarbeitsplatz gestellt, mit dem Ziel der Regelung des Gesundheitsschutzes bei der Arbeit an Bildschirmen.

Arbeitstisch	■ reflexionsarme und ausreichend große Arbeitsfläche ■ Möglichkeit der flexiblen Anordnung der Arbeitsmittel ■ ausreichender Raum für eine ergonomisch günstige Arbeitshaltung und für wechselnde Körperhaltungen ■ Tischhöhe auf Benutzer angepasst, Beinfreiheit
Arbeitsstuhl	■ ergonomisch gestaltet ■ standsicher, d.h. Bürodrehstuhl auf fünf gleichartigen Abstützpunkten oder gebremsten Rollen ■ höhenverstellbar von 42 cm bis 53 cm, an die Körpergröße anpassbar ■ verschiedene Sitzpositionen möglich ■ ausreichende Abstützung des Rückens ■ angemessene Beckenkippung ■ körpergerechte Anpassung der Armlehne
Tastatur	■ Tastatur muss neigbar und eine vom Bildschirm getrennte Einheit sein ■ matte Oberfläche der Tastatur, zur Vermeidung von Reflexionen ■ lesbare Tastenbeschriftung ■ Anordnung der Tastatur und Beschaffenheit der Tasten müssen die Bedienung der Tastatur erleichtern

Bildschirm	■ Bildschirm muss frei und leicht dreh- und neigbar sein, frei von störenden Reflexionen und Blendungen, seine Größe muss der Arbeitsaufgabe entsprechen ■ Schrift: scharf und deutlich, ausreichend groß, angemessener Zeichen- und Zeilenabstand ■ Bild: stabil, frei von Flimmern ■ Helligkeit und Kontrast an Benutzer und Umgebungsbedingungen angepasst

BEACHTE

Der Industriemeister kann insbesondere durch Motivation die Leistungsbereitschaft des Mitarbeiters beeinflussen. Ein Mitarbeiter, der sich an seinem Arbeitsplatz wohlfühlt, erbringt eine höhere Leistung.

? Welche Pflichten hat der Arbeitgeber nach der Bildschirmarbeitsverordnung (BildscharbV)?

Hinweis:

Die Bildschirmarbeitsverordnung (BildscharbV) ist eine Verordnung über Sicherheit und Gesundheitsschutz bei der Arbeit an Bildschirmgeräten.

Der Arbeitgeber ist nach der Bildschirmarbeitsverordnung (BildscharbV) verpflichtet ...

- in regelmäßigen Zeitabständen Untersuchungen der Augen und des Sehvermögens anzubieten,
- die Tätigkeit von Bildschirmarbeitern so zu organisieren, dass die tägliche Arbeit an Bildschirmgeräten regelmäßig durch andere Tätigkeiten oder durch Pausen unterbrochen wird,
- die Sicherheits-, Gesundheits- und Arbeitsbedingungen, insbesondere hinsichtlich einer möglichen Gefährdung des Sehvermögens sowie körperlicher Probleme und psychischer Belastungen zu ermitteln und zu beurteilen,
- eine blendfreie, angemessene, gleichmäßige und punktgenaue Beleuchtung am Bildschirmarbeitsplatz sicherzustellen, die der Sachaufgabe entspricht und an das Sehvermögen des Benutzers angepasst ist,
- ausreichend Platz für wechselnde Arbeitshaltungen und –bewegungen zur Verfügung zu stellen,
- die Wärmebelastung am Bildschirmarbeitsplatz durch die Arbeitsmittel zu überprüfen und sicherzustellen, dass diese nicht unzuträglich ist und
- sicherzustellen, dass von PC, Monitor etc. keine unnötigen Belastungen durch Strahlung, magnetische Felder, Schadstoffe, Hitze oder Lärm ausgehen.

2.1.5 Technische Hilfen

Beim Einsatz von technischen Hilfen soll ein zielgerichteter Ansatz zur Entlastung des Menschen im Vordergrund stehen.

Technische Arbeitshilfen sollen ...

- vorhandene Fähigkeiten fördern, Arbeitsaktivitäten unterstützen,
- die Arbeitstätigkeit überhaupt erst ermöglichen,
- ausgefallene Fähigkeiten zumindest teilweise ersetzen bzw. Restfähigkeiten nutzen, unterstützen und gleichzeitig schützen,
- die Arbeitsausführung erleichtern, d.h. Arbeitsbelastungen verringern,
- die Arbeitssicherheit gewährleisten, Regelungen für Sicherheit und Gesundheit der Mitarbeiter erstellen und überwachen, arbeitsbedingte Erkrankungen verhindern und verringern,
- sicherstellen, dass die richtigen Arbeitsbedingungen in Bezug auf die Umwelt und die persönliche Situation hergestellt sind,
- Infrastruktur und Tools für Telearbeit liefern und
- durch Produktionssteigerung die Wettbewerbsfähigkeit am Arbeitsmarkt sichern.

Folgende typische technische Hilfen erleichtern die Arbeit:

- PC-Technik

  Computer, Softwareprogramme und EDV-Netzwerke sind aus dem heutigen (Geschäfts-) leben nicht mehr wegzudenken.
- Hebe- und Handhabungstechnik

  Sie unterstützen das (rückenschonende und schulterentlastende) Anheben und Umsetzen von Lasten.
- Transport- und Fördermittel

  Sie transportieren und stapeln Lasten, verkürzen die Gehwege und entlasten das Muskel-Skelettsystem.
- Bedien- und Haltehilfen

  Sie erleichtern das Greifen, Halten und Fixieren.
- Sehhilfen, Sitzhilfen und Hörhilfen
- Verringerung von Schwingungsbelastungen

  z.B. durch Verwendung schwingungsarmer Arbeitsmittel, durch Schwingungsdämpfung

2.1.6 Ablagesysteme

Wie organisiert und gestaltet man die Ablage sinnvoll, sodass die Arbeit erleichtert wird und die zur Verfügung stehende Zeit effizient genützt werden kann?

Folgende Anforderungen sollte das Ablagesystem erfüllen:

1. Transparenz der Ablage,
   sodass alle Benutzer das System verstehen und sicher anwenden können
2. Dokumentation des Ablagesystems,
   um die Schriftstücke sicher zuzuordnen und auch gesuchte Schriftstücke wiederzufinden
3. Erweiterungsfähigkeit des Systems
4. Relativ geringer ökonomischer Aufwand des Ablagesystems

Folgende vier Fragen sind bei einer effizienten Ablage zu beantworten:

1. Was wird abgelegt?
2. Wo wird es abgelegt?

   Der optimale Ablageort richtet sich nach

   → der Zugriffshäufigkeit,

   → dem Umfang der Unterlagen sowie

   → der räumlichen Kapazität bzw. Möglichkeit.
3. Wie lange werden die Schriftstücke aufbewahrt?
4. Wie/ auf welche Weise werden die Schriftstücke abgelegt?

   → Schriftstücke lochen, heften oder lose ablegen?

   → Schriftstücke stapeln in "Stapelablage", stellen in Ordner oder Stehsammler oder hängen in Hängemappen, -sammlern oder -heftern?

2.2 Methoden der Problemlösung und Entscheidungsfindung

2.2.1 Formen betrieblicher Probleme und ihre unterschiedlichen Auswirkungen

DEFINITION PROBLEM

Unter einem Problem versteht man eine Aufgabe oder eine Frage bzw. eine Abweichung des Ist-Zustands vom Soll-Zustand, deren Lösung mit Schwierigkeiten verbunden ist.

Probleme werden als unerwünscht und veränderungsbedürftig angesehen, jedoch sind sie grundsätzlich veränderbar.

Welche (negativen) Auswirkungen können Probleme haben? ?

BEACHTE

Grundsätzlich haben Probleme keine negativen Auswirkungen, wenn sie zeitnah gelöst werden. Eine erfolgreiche Problemlösung kann Kräfte freisetzen und motivierend sein.

Wenn das Problem allerdings nicht oder zu spät gelöst wird, kann dies folgende negative Auswirkungen haben:

- Probleme belasten die Arbeitsabläufe und die zwischenmenschlichen Verhältnisse
- Die Arbeitsmotivation und die Arbeitsqualität sinkt
- Es kommt ggf. zu Lieferschwierigkeiten und/oder zu Beschwerden der Kunden aufgrund Qualitätsverschlechterungen
- Verbrauch von mehr Ressourcen als in der Planung vorgesehen
- Schlechtes Betriebsklima, gegenseitige Schuldzuweisungen bis hin zu Fluktuationen

? Welche typischen Gründe können für den Meister eine Problembeschreibung behindern oder erschweren?

Der Meister kann das Problem nicht beschreiben, weil er ihre Ausgangssituation nicht erfassen kann.

Dies ist der Fall, weil ...

- er nicht über die notwendigen technischen Möglichkeiten verfügt,
- er die Ursachen nicht beeinflussen und/oder nicht überblicken kann,
- sich die Randbedingungen verändert haben,
- er nicht die notwendige Zuarbeit seiner Mitarbeiter bekommt und/oder
- andere wichtigere Probleme vorliegen, die zuerst gelöst werden müssen.

? Welche Maßnahmen kann der Meister unternehmen, um Problemen schon im Vorfeld entgegenzuwirken?

- Intensivierung der Kommunikation und des Informationsaustauschs
- Wertschätzung gegenüber den Mitarbeitern
- Kooperativer Führungsstil
- Kooperative Arbeitsformen
- Mitarbeiter- und Führungskräfteschulungen in Problemlösungsstrategien
- Klare Vorgaben
- Gute Informationsweitergabe
- Optimale Kontrolle („nicht zu viel und nicht zu wenig")

2.2.2 Ziel, Formen und Inhalte der Situationsbeschreibung

Um ein Problem bearbeiten zu können ist es wichtig, dass das konkrete Problem gewissenhaft beschrieben wird. Oftmals enthält die exakte Beschreibung des Problems schon eine Lösung parat.

Ziel der Situationsbeschreibung ist es also, eine umfassende Beschreibung des aktuellen Zustands zu bekommen.

Mit welchen Methoden lassen sich Zustände beschreiben? ?

Zustände kann man durch folgende Methoden beschreiben:

- Soll-Ist-Analyse
- Stärken-Schwächen-Analyse
- SWOT-Analyse

Soll-Ist-Analyse	Unter der Soll-Ist-Analyse versteht man die Beschreibung des Vergleichs zwischen dem tatsächlichen und dem gewünschten Zustand. **Schritte:** 1. Die Soll-Analyse zeigt den gewünschten Zielzustand auf. 2. Die Ist-Analyse zeigt den Zustand vor Einführung des Verfahrens auf. 3. Die Soll-Ist-Analyse stellt den Soll-Zustand dem Ist-Zustand gegenüber, vergleicht diese Zustände und leitet daraus Schlussfolgerungen für die weitere Planung/für die weiteren Handlungskonsequenzen ab.
Stärken-Schwächen-Analyse	Mit der Stärken-Schwächen-Analyse werden Potenziale und Ressourcen, die noch nicht genutzt worden sind, sowie Schwächen, die ausgeglichen werden sollten, im Hinblick auf Personen oder Unternehmen untersucht. Es bietet sich an, die jeweiligen Stärken und Schwächen anhand von Checklisten zu überprüfen und diese grafisch oder tabellarisch darzustellen.
SWOT-Analyse	S = Strengths (Stärken) W = Weaknesses (Schwächen) O = Opportunities (Chancen) T = Threats (Bedrohungen) **Ziel der SWOT-Analyse:** Die SWOT-Analyse dient der Positionsbestimmung und der Strategieentwicklung von Unternehmen. Es werden dabei die internen Stärken und Schwächen sowie die externen Chancen und Risiken betrachtet. **Vorgehen bei der SWOT-Analyse:** 1. **Unternehmensanalyse,** d.h. Suche nach Stärken und Schwächen 2. **Umweltanalyse,** d.h. Suche nach strategisch relevanten Chancen und Risiken 3. **Suche nach Kombinationen,** um den Nutzen aus Stärken und Chancen zu maximieren und die Verluste aus Schwächen und Gefahren zu minimieren

	4. **Entwickeln von passenden Strategien und Maßnahmen** zu dieser ausgewählten Kombinationen **Es ergeben sich folgende 4 Kombinationen:** → **SO** Verfolgen von neuen Chancen, die gut zu den Stärken des Unternehmens passen → **WO** Schwächen eliminieren, um neue Chancen zu nutzen, also Risiken in Chancen umwandeln → **ST** Stärken nutzen, um Risiken bzw. Gefahren abzuwehren → **WT** Verteidigungsstrategien entwickeln, um vorhandene Schwächen nicht zum Ziel von Bedrohungen werden zu lassen

? **Mit welchen Methoden bzw. Diagrammen lassen sich Abläufe beschreiben?**

Betriebliche Abläufe kann man beschreiben durch ...

- Flussdiagramm
- Datenflussplan

Flussdiagramm	Beim Flussdiagramm (auch Programmablaufplan genannt) wird der Ablauf des betrieblichen Prozesses in logischen Schritten grafisch veranschaulicht. ■ Darstellung der Art und zeitlichen Folge von Arbeitsschritten und deren Bedingungen ■ die zeitliche Komponente wird nicht berücksichtigt ■ die Richtung des Ablaufs wird durch Pfeile visualisiert Anhand von Symbolen (Rechtecke, Rauten u.a.) werden die Vorgänge dargestellt. Die Symbole sind in der DIN 66001 genormt.
Datenflussplan/ Datenflussdiagramm	Das Datenflussdiagramm ist eine Variante des Flussdiagramms. Es beschreibt grafisch den Datenfluss eines Prozesses bei der Bearbeitung einer Aufgabe mit elektronischer Datenverarbeitung, und zwar mithilfe von genormten Symbolen (Rechtecke, Rauten u.a.), die durch Ablauflinien miteinander verbunden werden.

2.2.3 Ziel, Formen und Inhalt der Problemanalyse

DEFINITION PROBLEMANALYSE

Unter einer Problemanalyse versteht man eine systematische Untersuchung, bei der das untersuchte Problem in seine Bestandteile zerlegt wird.

Ziele der Problemanalyse:

- Systematische Untersuchung des Problems
- Finden, Einordnen und Auswerten der Ursachen
- Aussagen treffen über Entstehung, Entwicklung und Bedeutung des Problems

Methoden der Problemanalyse:

Zur Problemanalyse können unterschiedliche Methoden herangezogen werden. Die beiden bekanntesten Methoden zur Problemwahrnehmung und Problemlösung sind

1. die ABC-Analyse und
2. das Ishikawa-Diagramm.

Im Folgenden werden die beiden typischen Methoden der Problemanalyse ausführlich erläutert.

2.2.3.1 ABC-Analyse

DEFINITION ABC-ANALYSE

Die ABC-Analyse ist ein betriebswirtschaftliches **Mittel zur Planung und Entscheidungsfindung**. Sie unterteilt Objekte oder Prozesse in drei Klassen von A-, B- und C-Objekten/Prozessen und gewichtet diese nach ihrem durchschnittlichen Anteil, mit dem Ziel, Prioritäten zu erkennen.

Klassen	Wertanteil	Mengenanteil	Erläuterung
A	ca. 70 - 80 %	ca. 5 - 20 %	→ wichtig, hochwertig, umsatzstark → ein mengenmäßig kleiner Teil besitzt einen sehr hohen Wertanteil → Pareto-Prinzip: Um 80 % Ertrag zu erzielen, ist nur 20 % Aufwand nötig

Klassen	Wertanteil	Mengenanteil	Erläuterung
B	ca. 10 - 30 %	ca. 15 - 30 %	→ mittelwichtig, mittelwertig, mittlere Umsatzstärke
C	ca. 5 - 15 %	ca. 70 - 80 %	→ weniger wichtig, niedrigwertig, umsatzschwach

? **Was ist das Ziel und die Einsatzgebiete der ABC-Analyse?**

Ziele der ABC-Analyse sind ...

- das Wesentliche zu erkennen und dies vom Unwesentlichen zu trennen
- die Ermittlung und Festlegung von Schwerpunkten/Prioritäten („Auf welche A-Produkte/Teile/Dienstleistungen muss man sich unbedingt konzentrieren?")
- unwirtschaftliche Anstrengungen zu vermeiden
- die einzelnen Aufgaben in priorisierter Reihenfolge auszuführen
- Ansatzpunkte für Verbesserungen zu identifizieren
- Rationalisierungsschwerpunkte zu setzen
- die Wirtschaftlichkeit zu steigern

Einsatzgebiete der ABC-Analyse:

ABC-Kunden	Kunden werden nach ihrem anteiligen Umsatz oder nach dem Deckungsbeitrag klassifiziert
ABC-Produkte	Produkte werden nach ihren Verkaufs-/Umsatzzahlen klassifiziert
ABC-Lieferanten	Lieferanten werden nach ihrem Einkaufsvolumen klassifiziert
ABC-Aufgaben	Im Zeitmanagement werden Aufgaben nach ihren Prioritäten klassifiziert
ABC-Lagerplätze	Lagerplätze werden nach ihrer Zugriffshäufigkeit klassifiziert
ABC-Artikel	Artikel werden nach ihren Herstellungskosten oder nach ihrem Bestandswert oder nach ihrem jährlichen Einkaufsvolumen klassifiziert
Analyse Kosten-Nutzen	Kosten werden nach ihrem Nutzen klassifiziert
Analyse des Verbrauchs	Der Verbrauch wird nach Materialien analysiert
Analyse des Verkaufsumsatzes	Der Verkaufsumsatz wird nach Erzeugnissen oder nach Abnehmern analysiert

In welchen Schritten erfolgt der Ablauf der ABC-Analyse? ?

Ablauf einer ABC-Analyse:

Eine ABC-Analyse erfolgt in den folgenden **drei Schritten** - am Beispiel der Analyse des Verbrauchs nach Materialien:

1. Erfassen des Datenmaterials
   - Mengenmäßiger Bedarf des einzelnen Materials
   - Preis des einzelnen Materials pro Mengeneinheit
   - Wertmäßiger Bedarf des einzelnen Materials

     Nach der Ermittlung des wertmäßigen Bedarfs werden die einzelnen Materialnummern mit Rangzahlen versehen.
2. Sortierung des Datenmaterials und Ermittlung der ABC-Klasse
   - Berechnung des **Gesamtverbrauchswertes einer Materialart pro Periode**

     → Menge multipliziert mit dem Einstandspreis
   - Berechnung des **Wertanteils**:

     Berechnung des prozentualen Anteils einer Materialart (= jeder einzelnen Materialnummer) pro Periode am Gesamtverbrauchswert aller verbrauchten Materialarten.

     Der Prozentanteil des Bedarfs jeder einzelnen Materialnummer wird im Verhältnis zum gesamten wertmäßigen Bedarf aller verbrauchten Materialarten ermittelt.

     → **Wertanteil in %** =
     „wertmäßiger Bedarf der Materialnummer" dividiert durch „Gesamtverbrauchswert aller verbrauchten Materialarten"
   - **Berechnung des Mengenanteils:**

     Berechnung des prozentualen Anteils einer Materialart (= jeder einzelnen Materialnummer) pro Periode an der Gesamtmenge aller verbrauchten Materialarten.

     → **Mengenanteil in %** =
     „mengenmäßiger Bedarf der Materialnummer" dividiert durch „Gesamtmenge aller verbrauchten Materialarten"
   - **Festlegung der Wertgruppen** (ABC-Klassifizierung)
3. Auswertung des Datenmaterials und Aufstellen von Schlussfolgerungen
   - Auf die A-Materialnummern muss man sich besonders konzentrieren
   - Für die C-Materialnummern ist eine vereinfachte Behandlung ausreichend

? Welche möglichen Vor- und Nachteile hat die ABC-Analyse?

Mögliche Vorteile der ABC-Analyse	Mögliche Nachteile der ABC-Analyse
■ Analyse komplexer Probleme mit einem vertretbaren Aufwand durch die Beschränkung auf die wesentlichen Faktoren ■ Einfache Anwendbarkeit ■ Methodeneinsatz ist vom Untersuchungsgegenstand unabhängig ■ Sehr übersichtliche und grafische Darstellung der Ergebnisse möglich	■ Sehr grobe Einteilung in drei Klassen ■ Einseitige Ausrichtung auf ein Kriterium ■ Es werden keine qualitativen Faktoren berücksichtigt ■ Bereitstellung konsistenter Daten als Voraussetzung

2.2.3.2 Ishikawa-Diagramm

DEFINITION ISHIKAWA-DIAGRAMM

Das Ishikawa-Diagramm (auch Ursache-Wirkungs-Diagramm oder Fischgräten-Diagramm genannt) ist eine grafische Darstellung von Ursachen, die zu einem Ziel/ einer Wirkung führen bzw. dieses Ziel maßgeblich beeinflussen.

D.h., es wird der Zusammenhang zwischen Ursachen und Wirkung hergestellt („Was hat welche Wirkung worauf?"). Der Problemaspekt wird solange zurückverfolgt, bis man die wahrscheinlichste Ursache (bzw. Ursachen) ermittelt hat.

Das Ishikawa-Diagramm wurde 1953 von Kaoru Ishikawa entwickelt.

→ Ausgangspunkt ist eine „Fischgräte".

→ Der „Kopf" der Gräte bezeichnet das Problem (das Ziel, die Wirkung), für das Ursachen zu suchen sind.

→ Die Enden der Fischgräte bezeichnen die Hauptursachen (= Mensch, Maschine, Material, Methode, Management und Mitwelt/Milieu), die zu einer bestimmten Wirkung führen.

→ Die gesammelten Ursachen werden anschließend gewichtet. Die Gewichtung verdeutlicht, wo schnell und erfolgversprechend gehandelt werden kann.

In welchen Schritten erfolgt die Erstellung eines Ishikawa-Diagramms? ?

Ablauf zur Erstellung eines Ishikawa-Diagramms:

1. Problemdefinition,

   d.h., Erarbeiten der Wirkungs- und Problembeschreibung durch genaue Definition, sowie Eintragung der Auswirkung an der Spitze des Hauptpfeiles

2. Festlegung der Hauptursachengruppen/Ursachenbereiche

   Hauptursachengruppen im Produktionsprozess sind:
   Mensch, Maschine, Material, Methode, Management und Mitwelt/Milieu

   Beachte: Nicht alle Hauptursachen müssen in jedem Fall zutreffen

3. Ursachensuche,

   d.h., Ermittlung der Primär- und Sekundärursachen je Bereich als Verzweigungen der Hauptursachen

   Beachte: Zum kreativen Auffinden der Ursachen sind Kreativitätsmethoden geeignet wie Brainstorming/Brainwriting

4. Bestimmung der wahrscheinlichsten Ursachen,

   z.B. Bestimmung anhand von Klebepunkten

5. Lösungen der wahrscheinlichsten Ursachen finden und entscheiden,

   d.h., Ableitung von Konsequenzen „Was ist zu ändern?"
   (anschließend: Umsetzung der Ergebnisse und Kontrolle)

Erläutern Sie mögliche Vor- und Nachteile des Ishikawa-Diagramms. ?

Vorteile des Ishikawa-Diagramms	Nachteile des Ishikawa-Diagramms
▪ Ganzheitliche Betrachtung und Visualisierung aller Problemaspekte ▪ Übersichtliche und systematische Darstellung von Ursachen und Wirkungen einer Problemstruktur ▪ Fokussierung aufs eigentliche Problem ▪ Förderung des Problemverständnisses ▪ Schaffung von Klarheit ▪ Aussagen über Beziehungen und ihre Bedeutung ▪ Gute Diskussionsgrundlage bei Teamarbeit ▪ Leicht erlern- und anwendbar	▪ Unübersichtlich, umfangreich und aufwändig bei komplexen Problemen → bei komplexen Problemen kaum mehr zu handhaben ▪ Keine vernetzten Ursache-Wirkungs-Zusammenhänge darstellbar ▪ Keine Erfassung von Wechselwirkungen ▪ Keine Erfassung zeitlicher Abhängigkeiten ▪ Fokus auf Problemanalyse, nicht Fehlerbehebung

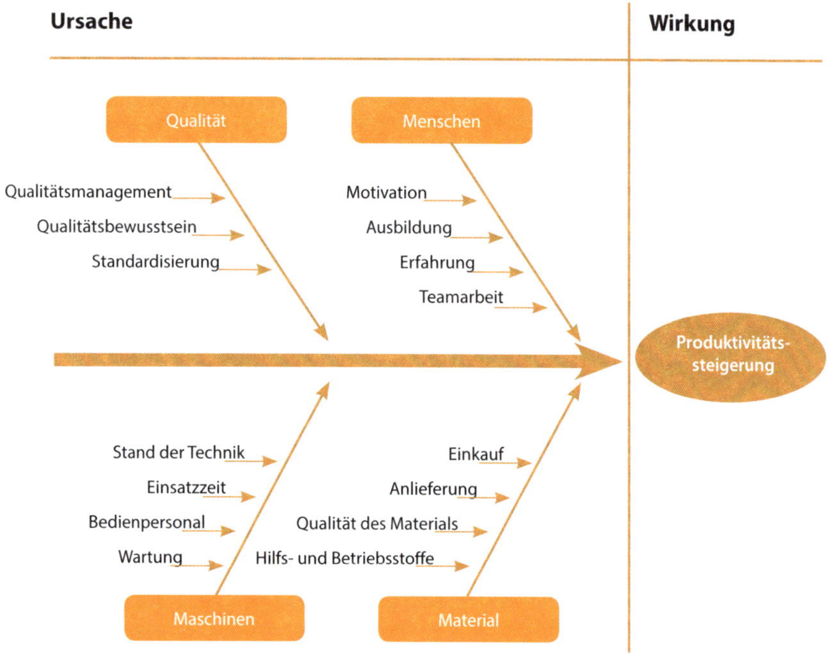

Ursachengruppen	Beispiele
Mensch	**Personen, die den Prozess beeinflussen** Ausbildungsstand, Erfahrung, Kompetenz, persönliches Verhalten, Motivation der Mitarbeiter, Konflikte im Team, Stress, Betriebsklima, hohe Arbeitsbelastung
Maschine	**Vorrichtungen, die bei der Umwandlung von Input zu Output verwendet werden** Stand der Technik, veraltete oder schlecht gewartete Maschinen, Arbeitsplatzgestaltung, Instandhaltung, Verschleiß, einwirkende Umgebungseinflüsse
Material	**Komponenten, die von Input in Output verwandelt werden** wie Rohmaterial, Hilfs- und Betriebsstoffe, Information, mangelhafte Qualität, Lagerung des Materials, effektive Nutzung des Materials, Nacharbeit, gleicher Lieferant, Chargenschwankungen
Methode	**Produktive oder formale Verfahren, die Inputs in Outputs umwandeln** Arbeitsabläufe, Organisationsstrukturen, Verfahren, Standardisierung, fehlende Prozesse, ungeeignete Arbeitsverfahren , Arbeitsverfahren, fehlende Dokumentierung der Arbeitsverfahren, ungeeignete Methoden

Ursachengruppen	Beispiele
Management	**Vorgaben und Entscheidungen von höherer Ebene** Unternehmensprinzipien, Entscheidungen des Managements, unklare Ziele, zu wenig Kommunikation, Organisationsstruktur, Führungsverhalten
Mitwelt/Milieu	**Äußere Einflüsse, die auf den Prozess wirken** wie Kundenverhalten, Umwelt, externe wirtschaftliche Rahmenbedingungen, Arbeitsmarktsituation, Arbeitsbedingungen (wie Beleuchtung, Luft, Temperatur, Lärm, Staub, Gase/Dämpfe, Erschütterungen, Gerüche), Einhaltung der Arbeits- und Sicherheitsvorschriften, Gesetzgebung, Konkurrenten, Betriebsratsvereinbarungen

2.2.4 Ziel und Methoden der Ideenfindung

Ideenfindungsmethoden dienen der Förderung von Kreativität und dem gezieltem Erzeugen neuer Ideen.

Ziele der Ideenfindungsmethoden:

- zu kreativen Ideen zu gelangen
- Probleme zu lösen
- Ideenfindung und Ideenfluss zu beschleunigen
- Suchbereiche zu erweitern
- gedankliche Blockaden aufzulösen

Als Methoden zur Ideenfindung lassen sich intuitive Verfahren und diskursive Verfahren unterscheiden.

Intuitive Ideenfindungsmethoden	Diskursive Ideenfindungsmethoden
= **kreative** Techniken Bei der intuitiven Methode baut die Suche nach Ideen auf Gedankenassoziationen auf. Es geht darum, Wissen zu nutzen, das bisher noch nicht mit dem Problem in Verbindung gebracht wurde.	= **analytische** Techniken Bei der diskursiven Methode wird die Suche nach Ideen systematisch und bewusst durchgeführt. Es geht darum, das Problem in immer kleinere Einheiten zu zerlegen, um Strukturen und Zusammenhänge im Problem zu erkennen.
▪ Brainstorming ▪ Brainwriting ▪ Methode 6-3-5 ▪ Mindmap ▪ Bionik	▪ Progressive Abstraktion ▪ Morphologischer Kasten ▪ Ishikawa-Diagramm ▪ Wertanalyse

? Welche typischen Ideenfindungsmethoden werden unterschieden?

Es gibt folgende klassische Ideenfindungsmethoden:

- Brainstorming
- Brainwriting
- Mindmap
- Bionik
- Methode 635
- Progressive Abstraktion
- Morphologischer Kasten
- Wertanalyse

Brainstorming	Brainstorming ist abgeleitet von „using the brain to storm a problem" (d.h. wörtlich übersetzt: „Das Gehirn zum Sturm auf ein Problem zu verwenden"). **Ziele des Brainstorming:** **Neue und ungewöhnliche Ideen** in einer Gruppe von Menschen **zu fördern und zu erzeugen**; synergetische Effekte durch kreative Gruppenarbeit **Vorgehen beim Brainstorming:** **Phase 1:** Die Teilnehmer sollen ohne jede Einschränkung Ideen produzieren und sich gegenseitig inspirieren, indem sie bereits geäußerte Ideen aufgreifen und kombinieren **Phase 2:** Ergebnisse sortieren und bewerten, d.h., die Ideen werden gruppiert und in der Gruppe bewertet **Regeln des Brainstorming:** ■ Jeder soll Ideen frei äußern können; jeder soll alle Ideen, auch absurde, positiv aufnehmen und weiterspinnen ■ Kritik und Killerphrasen sind untersagt; Bewertung erfolgt erst in der 2. Phase ■ Ideen sollen schriftlich festgehalten werden ■ Geistiges Eigentum gehört allen; jeder Beitrag zählt **Vorteile von Brainstorming:** ■ Einfach zu handhaben, wenig Vorbereitungsaufwand ■ Viele (auch ungewöhnliche) Ideen in kurzer Zeit ■ Förderung von Teamarbeit ■ Synergieeffekte, gute gegenseitige Anregung (Gruppendynamik)

Brainwriting

Beim „Brainwriting" werden, im Gegensatz zum „Brainstorming", die Ideen nicht verbal geäußert, sondern von jedem Teilnehmer auf ein Stück Papier bzw. **Karten** geschrieben.

Vorteile von Brainwriting:

- Schüchterne bzw. ruhige Gruppenteilnehmer haben es leichter, ihre Ideen einzubringen
- Ideen können nicht versehentlich in der Diskussion untergehen, da sie schriftlich fixiert sind.
- Es ist nicht notwendig, ein Protokoll zu führen.

Vorgehen beim Brainwriting:

Phase 1: Entwickeln von (schriftlichen) Ideen und der Schaffung von Assoziationen

Phase 2: Ergebnisse sortieren und bewerten, d.h., die Ideen werden gruppiert und in der Gruppe bewertet

Regeln des Brainwriting:

- Quantität geht vor Qualität
- Keine Kritik oder Bewertung der Ideen während der 1. Phase

Mindmap

Mind Mapping (engl.: „Gedankenlandschaft") ist eine **grafische Darstellung von Beziehungen in Form einer Baumstruktur,** um neue Ideen zu entwickeln bzw. vorhandene Beziehungen strukturiert darzustellen.

Ausgehend von einem zentralen Thema entsteht eine Baumstruktur von Unterthemen mit hierarchischen Verästelungen.

Die Schritte einer Mindmap:

1. Das Hauptthema aufschreiben
   Das zentrale Thema wird möglichst genau definiert und in die Mitte eines leeren Blattes (Tafel/Flipchart etc.) geschrieben oder als Bild dargestellt
2. Schlüsselwörter sammeln
   Wörter separat notieren, die einem zum Thema einfallen (Brainstorming)
3. Oberbegriffe finden und die Schlüsselwörter einsortieren
   Um Ordnung in die Gedanken zu bringen, werden Überbegriffe an die Hauptäste geschrieben und die Schlüsselwörter als Verzweigungen unter diese Überbegriffe angefügt
   Beachte: Kurze prägnante Schlüsselwörter, einfache Grafiken, Symbole und Farbelemente erleichtern den Überblick
4. Hauptäste einfügen
   Ausgehend vom zentralen Thema in der Mitte, werden nun Hauptäste in die Mindmap gezeichnet, an welche die einzelnen Oberbegriffe in Druckbuchstaben eingetragen werden
5. Verzweigungen einfügen
   Die Hauptäste werden nun mit Nebenästen verbunden. Und mit Schlüsselwörtern beschriftet
6. Grafische Elemente einfügen
   Einfügen von Farben, Pfeilen, Symbolen, geometrischen Formen und Bildern, denn diese erhöhen die Anschaulichkeit

	Zweck und Vorteile einer Mindmap: - Erschließen und visuelles Darstellen eines Themengebiets - Sichtbarmachen von Beziehungen und Verknüpfungen - Hilfsmittel zur Ideensammlung, Förderung von Kreativität - Gute Strukturierung, gute Übersichtlichkeit, übersichtliche Zusammenfassung, Thema wird anschaulich hervorgehoben - Durch die grafische Darstellung prägen sich die Informationen besser ins Gedächtnis ein; Erhöhung des Konzentrationsvermögens - Gute Prüfungsvorbereitung, da in kreativen Schritten eine übersichtliche Darstellung der Essenz des Lernstoffs erarbeitet werden kann **Beachte:** **Mindmap Software** erleichtert die Handhabung bei der Erstellung von komplexeren Mindmaps. Ein weiterer Vorteil des computergestützten Entwerfens einer Mindmap stellt die einfache Änderungsmöglichkeit sowie die schnelle und präzise Strukturierung dar.
Bionik	Das Wort Bionik ist ein **Kunstwort** und kombiniert die Begriffe Biologie und Technik. Die Bionik beschäftigt sich mit der Entschlüsselung von „Erfindungen der belebten Natur" und ihrer innovativen Umsetzung in der Technik. Im Laufe der Evolution hat die Natur viele optimierte Lösungen für bestimmte mechanische, strukturelle oder organisatorische Probleme entwickelt. - Bei der Bionik werden Betrachtungen der Natur vorgenommen, die vorhandenen natürlichen Lösungen analysiert und dabei Prinzipien festgestellt, die als Vorlage dienen und/oder für das Problem übernommen werden. - Fragestellung: „**Was lässt sich von der Natur lernen?**" <u>Bsp.:</u> - **Pflanzen**: → Lotuspflanze diente als Vorbild für die Oberflächenbeschichtung von Materialien („Lotusblatteffekt" - Unbenetzbarkeit und Selbstreinigung) → Klette diente als Vorbild für den Klettverschluss → Wiesenbocksbart diente als Vorbild für den Fallschirm → Flügelfrucht des Ahorns diente als Vorbild für den Propeller etc. - **Tiere**: → Flügel oder sonstige Eigenschaften von Vögeln dienten als Vorbild für den Flugzeugbau → das Fliegenauge diente als Vorbild für das Roboterauge → die Haifischhaut diente als Vorbild für Flugzeughaut und Schwimmanzug → Giftstachel diente als Vorbild für Spritzen etc.

Methode 635 (Variante von Brainwriting)	**6 Personen entwickeln 3 „erste" Lösungsvorschläge, die sie in ein Formular eintragen** (Zeit ca. 5 Minuten). Jedes Blatt wird dann von allen gleichzeitig, im Uhrzeigersinn, weitergereicht. Der Nächste soll versuchen, die bereits genannten Ideen aufzugreifen, zu ergänzen und weiterzuentwickeln. Dieses geschieht **5 Mal** (6 Teilnehmer, je 3 Ideen, 5 mal weiterreichen). So entstehen innerhalb von 30 Minuten bis zu 108 Ideen: 6 Teilnehmer x 3 Ideen x 6 Reihen.
Progressive Abstraktion	Bei der progressiven Abstraktion entfernt man sich vom Problem, indem man das **Problem auf der nächsthöheren Ebene sucht**. Dies geschieht durch die Fragen: ■ **„Wofür ist das eigentlich gut?"** ■ **„Wie könnte das noch gehen?"**
Morphologischer Kasten	Für eine Fragestellung werden die bestimmenden Merkmale festgelegt und untereinander geschrieben. Dann werden alle möglichen Ausprägungen des jeweiligen Merkmals rechts daneben geschrieben, wodurch eine Matrix entsteht. Danach wird aus jeder Zeile eine Ausprägung des Merkmals gewählt. Mit dieser Kombinationen von Ausprägungen werden Ideen entwickelt.
Wertanalyse	**Verfahren zur Kostensenkung und Leistungsverbesserung** durch Gegenüberstellung von Funktionswert zu Funktionskosten. Näheres zur Wertanalyse finden Sie unter "2.4.2 Grundzüge der Wertanalyse" auf Seite 123.

2.2.5 Ziel, Formen und Inhalt der Entscheidungsfindung

Jede Entscheidung beinhaltet einen gewissen Unsicherheitsfaktor. Denn, was richtig und was falsch ist, zeigt sich erst in der Zukunft – und die kann niemand vorhersehen. Um das mit der Entscheidung verbundene Risiko zu minimieren und mehr Entscheidungssicherheit zu gewinnen, helfen Methoden zur Entscheidungsfindung.

Beachte:

Jede Entscheidung fällt leichter, wenn mehr Informationen zum Entscheidungsbedarf vorliegen und wenn Handlungsalternativen gegeneinander abgewogen werden können.

Vorteile von Methoden zur Entscheidungsfindung:

- Vermitteln mehr Sicherheit
- Hohe Transparenz durch das Aufzeigen der relevanten Informationen sowie der möglichen Folgen
- Helfen beim Bewerten von Alternativen

- Nachvollziehbarkeit der Entscheidung
- Fördern die Unterstützung bei der Umsetzung getroffener Entscheidungen

Als Methoden zur Entscheidungsfindung lassen sich folgende Verfahren unterscheiden:

- Nutzwertanalyse
- Entscheidungsbaumtechnik
- Szenariotechnik
- Delphi-Methode

Nutzwertanalyse	Methode, um den Nutzwert (Gesamtwert) einer bestimmten Maßnahme oder eines Projekts zu bestimmen, um eine Entscheidung zwischen mehreren Alternativen treffen zu können. Näheres zur Nutzwertanalyse finden Sie unter Kapitel "2.4.3 Ursachen-, Nutzwert- und ABC-Analyse" auf Seite 125.
Entscheidungsbaumtechnik	Mit der Entscheidungsbaumtechnik werden **Entscheidungsalternativen systematisch miteinander verglichen**. Ein Baumdiagramm enthält grundsätzlich Regeln zur Beantwortung von nur genau einer Fragestellung. **Vorgehen:** 1. Definition der Frage bzw. des Ziels, zu der eine Entscheidung getroffen werden soll 2. Definition der Entscheidungskriterien, d.h. woran erkennt man eine "gute" Entscheidung? 3. Brainstorming aller Alternativen 4. Darstellung des Entscheidungsbaums d.h., der Entscheidungsbaum wird von links nach rechts und von oben nach unten erstellt. Ausgangspunkt ist die wichtigste Grundentscheidung. An jedem Knoten wird daher ein Attribut ("JA oder NEIN"; "A oder B") abgefragt und eine klare Entscheidung über die Auswahl des folgenden Knotens getroffen. Dies wird solange fortgesetzt, bis man am Ende des jeweiligen Astes angekommen ist. 5. Auswertung und Entscheidung Nun steht die Entscheidung fest. Als Ergebnis sieht man welche Alternative die größten Gewinnmöglichkeiten hat bzw. die geringsten Kosten erzeugt. **Ziel der Entscheidungsbaumtechnik:** Handlungsalternativen miteinander zu vergleichen und eine Auswahl der Alternative mit dem besten Kosten-Nutzen-Verhältnis zu treffen.

	Vorteile: ■ systematische Vorgehensweise ■ strukturierte übersichtliche Darstellung der alternativen Lösungswege und Strategien ■ tiefgehende Analyse der Problemstellung ■ Transparenz und Nachvollziehbarkeit der Alternativen ■ vollständige Abbildung der Entscheidungssituation ■ hilft auch Problemfremden schnell einen Überblick zu vermitteln **Nachteile:** ■ Anwendung kann bei komplexen Entscheidungen aufwändig und unübersichtlich werden ■ Bestimmung der Wahrscheinlichkeiten oftmals schwierig ■ Ergebnisqualität ist stark abhängig von den abgeschätzten Eintrittswahrscheinlichkeiten
Szenariotechnik	Die Szenariotechnik ist eine Methode der strategischen Planung, **mit der mögliche Entwicklungen der Zukunft analysiert** und in ihren Folgen dargestellt werden.
Delphi-Methode	Die Delphi-Methode (auch Delphi-Verfahren, Delphi-Technik oder Delphi-Befragung genannt) ist ein **systematisches, mehrstufiges schriftliches Befragungsverfahren, das Expertenmeinungen zusammenführt und rückkoppelt.** **Ziel der Delphi-Methode:** Zukünftige Ereignisse, Trends, technische Entwicklungen usw. möglichst gut einschätzen zu können. **Vorgehen:** ■ Experten werden in mehreren Durchgängen zu einer komplexen Problemstellung einzeln schriftlich i.d.R. mittels eines Fragebogens befragt. ■ Auswertungen der Expertenschätzungen und der Begründungen ■ Nun werden zunächst die zusammengefassten Ergebnisse des vorausgegangenen Durchgangs jedem der beteiligten Experten zur Kenntnis gegeben, bevor der nächste Durchgang durchgeführt wird. ■ Auswertungen der Expertenschätzungen und der Begründungen ■ Evtl. weiterer Durchgang **Hinweise:** Die Expertenschätzungen über die möglichen Entwicklungen, Trends und Ereignisse in der Zukunft können sich im Laufe des Verfahrens entweder angleichen, da sich die „überzeugendsten" Argumente durchsetzen, oder aber es kommt zu polarisierenden Standpunkten. Namensgeber der Methode ist das antike Orakel von Delphi, das seinen Zuhörern Ratschläge für die Zukunft erteilte.

? **Was versteht man unter der normativen und deskriptiven Entscheidungsfindung?**

Normative und deskriptive Entscheidungsfindung:

Normative Entscheidungsfindung	normativ (lat.) = Normen und Regeln aufstellend, normgebend, vorschreibend, auf eine Norm bezogen Der Entscheidungsträger handelt rational, kopfgesteuert, d.h. er bezieht nur rationale Gesichtspunkte in seine Entscheidung ein. Z.B. müssen der angestrebte Zweck und die dafür benötigten Mittel in einem vernünftigen Verhältnis stehen.
Deskriptive (empirische) Entscheidungsfindung	describere (lat.) = beschreiben Deskriptiv = wissenschaftliches Vorgehen der Beschreibung und Erläuterung ohne Bewertung oder Ableitung von Handlungsempfehlungen oder Normen Der Entscheidungsträger entscheidet erfahrungsbasiert und handlungsorientiert. Er analysiert durch Beobachtungen, Befragungen und Experimente die tatsächliche erfolgreiche Vorgehensweise. → Geeignet für neuartige, sich rasch verändernde und komplexe Situationen!

? **Welche Situationen der Entscheidungsfindung werden unterschieden?**

Entscheidungsfindung unter relativer Sicherheit	Relative Sicherheit bedeutet das Vorhandensein weniger Zielkonflikte und sehr guter Informationen, wenngleich nicht immer alle Informationen verfügbar sind. **Beachte:** Entscheidung unter absoluter Sicherheit ist äußerst selten.
Entscheidungsfindung unter Unsicherheit	Ein häufiges Problem bei der Entscheidungsfindung ist, dass die wahre Situation nicht bekannt ist. Hier spricht man von Unsicherheit. ▪ Entscheidung unter Risiko oder ▪ Entscheidung unter Ungewissheit **Hinweis:** Bei hohen Unsicherheiten helfen mathematische Entscheidungsmodelle/Wahrscheinlichkeiten bei der Entscheidungsfindung.

2.3 Arten der Planung

DEFINITION PLANUNG

Unter Planung versteht man die gedankliche Vorwegnahme zukünftigen Handelns bzw. Vorwegnahme von Entscheidungen, durch Abwägen verschiedener Handlungsalternativen unter Berücksichtigung von Risiken und möglichen Veränderungen.

Schritte der Planung

1. Ziele setzen
2. Planen
3. Entscheidungen treffen
4. Durchführen
5. Kontrollieren

Welche Chancen und Risiken sind mit einer Planung verbunden? ?

Mögliche Chancen einer Planung	Mögliche Risiken einer Planung
■ Systematik ■ Kontrolle ■ Soll-Ist-Vergleich ■ Zielorientierung ■ Koordination ■ Integration ■ Methodik	■ Hoher Planungsaufwand und folglich hohe Kosten für die Planung ■ Unrealistische Annahmen ■ Unrealistische Ziele ■ Planungsfrustration

? Welchen Einflussfaktoren unterliegt die Planung im Allgemeinen?

Folgende externe und interne Einflussfaktoren der Planung werden unterschieden:

Externe Faktoren/ Umweltfaktoren	Interne Faktoren
■ Gesamtwirtschaftliche Entwicklung/ Marktentwicklung ■ Technische Entwicklung wie neue Materialien, neue Technologien und neue Produktionsprozesse ■ Mögliche Maßnahmen der Konkurrenten und Zulieferer ■ Politische und rechtliche Entwicklung wie Gesetze, Gesetzesänderungen, Subventionspolitik ■ Arbeitsmarktentwicklungen ■ Absatzmarkt ■ Geld– und Kapitalmarkt	■ Unternehmensziele/-strategien ■ Entwicklungsstand des Unternehmens ■ Organisationsstruktur ■ Produktionsmethoden, Technisierungsgrad ■ Produktivität ■ Personelle Ressourcen wie Fähigkeiten der Arbeitskräfte, Qualifikationen, individuelles Leistungsvermögen ■ Kostenstruktur ■ Standort ■ Führungskultur

? Welche Zeiträume werden bei der Planung unterschieden (Planungshorizonte)?

Planungshorizont	Erläuterung	Zeitraum
Strategische Planung	Langfristige grundlegende Planung von Unternehmensstrategien, ausgerichtet an den Unternehmenszielen, zur Verbesserung des Erfolgs und der Wettbewerbsposition eines Unternehmens und zur Sicherstellung des langfristigen Erfolgs des Unternehmens Bsp.: Geschäftsfelder, Produkte, Unternehmensstandorte	Planungszeitraum größer 4 bis 5 Jahre
Taktische Planung	Mittelfristige Planung, operationalisierte Teilziele werden von den strategischen Zielen heruntergebrochen Bsp.: Personalrekrutierung, Qualifizierungsprogramme, Abbau von Arbeitskräften, mittelfristige Produktions- und Beschaffungsplanung	Planungszeitraum 2 bis 4 Jahre

Planungshorizont	Erläuterung	Zeitraum
Operative Planung	Kurz- bis mittelfristige Planung von Maßnahmen und Prozessen in den einzelnen Funktionsbereichen. Sie setzt die taktische Planung in kurzfristige Teilpläne um. Bsp.: Laufende Aufgaben und Projekte, tägliche/ wöchentliche Steuerung der Prozesse	Planungszeitraum kleiner 1 Jahr

BEACHTE

Die einzelnen Planungshorizonte können zeitlich nicht immer klar voneinander abgegrenzt werden.

Welche Grundsätze/Prinzipien sind bei der Planung zu berücksichtigen? ?

Folgende angestrebte Planungsgrundsätze sind auf allen Planungsebenen zu berücksichtigen:

- Langfristigkeit
- Vollständigkeit
- Flexibilität
- Stabilität
- Verbindlichkeit
- Kontrollierbarkeit
- Realisierbarkeit

2.3.1 Strategische Planung

Auf welchen Märkten, mit welchen Produkten, mit welchen Wettbewerbern und welchen Arbeitskräften kann das Unternehmen auch morgen erfolgreich sein.

DEFINITION STRATEGISCHE PLANUNG

Die strategische Planung befasst sich primär mit der **langfristigen** Planung von Strategien zur Verbesserung des Erfolgs und der Wettbewerbsposition eines Unternehmens.

Es geht um den langfristigen Unternehmenserfolg durch die Schaffung und Erhaltung von Erfolgspotenzialen, welche wiederum die langfristige Produktionsprogrammplanung bestimmen.

Strategische Ziele sind überwiegend **globale** Ziele
wie Geschäftsfelder, Produktprogramme, Organisationsstruktur, Standortwahl etc.

Die strategische Unternehmensplanung legt u.a. Folgendes fest:

- Langfristige Unternehmensziele und langfristige Unternehmenspolitik,
- die Abgrenzung der Märkte, Standortwahl,
- die Definition der strategischen Ziele und der Geschäftsfelder, Ermittlung der Erfolgspotenziale des Unternehmens,
- langfristige Produktprogramme,
- die Verteilung der Ressourcen auf die strategischen Geschäftsfelder.

Für die strategische Planung müssen zunächst **Stärken und Schwächen der Unternehmung, Kernkompetenzen, vorhandende Potenziale und Enwicklungspotenziale** analysiert werden. Dann können Prognosen über Chancen einzelner Produkte bzw. Märkte erstellt werden. Zu beachten sind hierbei die Synergie- und Substitutionseffekte, die sich durch Aufgabe oder Förderung bestimmter Geschäftsfelder ergeben.

2.3.2 Strukturplanung

DEFINITION STRUKTUR

Unter einer Struktur versteht man die **Ordnung in einem System.**

Eingabe	Detaillierte Prozessbeschreibung	Ausgabe
■ Projektbeschreibung ■ Liefer- und Leistungsumfang	Strukturplanung	Projektstrukturplan PSP

Die Strukturplanung ist die **Ergänzung** zu strategischer und operativer Planung.

Ziel der Strukturplanung:

Ziel ist die Abbildung der Einzelkomponenten und der Gesamtheit eines zukünftigen Systems.

- Produktionsfaktoren wie Kapital, Arbeit, gesetzliche und gesellschaftliche Rahmenbedingungen fließen in die Planung ein.
- Auch Alternativen werden erarbeitet, die zur Vorbereitung oder Absicherung von zu treffenden Entscheidungen dienen.

Ablauf der Strukturplanung:

1. Definition des Planungsauftrages und Festlegen der Prämissen
2. Beschaffung der für die Planung notwendigen Informationen
   Je genauer und vollständiger die Auswertung der beschafften Daten ist, desto genauer und umfassender ist der Planungsprozess.
3. Erstellung und Festlegung von Planungsalternativen
4. Machbarkeitsstudie (englisch: Feasibility Study)
   Überprüfung der Umsetzung, insbesondere wenn Risiken nicht eingeschätzt werden können oder die Erreichbarkeit in Frage gestellt wird.
5. Wirtschaftlichkeitsbetrachtungen

2.3.3 Operative Planung

DEFINITION OPERATIVE PLANUNG

Bei der operativen Planung geht es um die **kurz- bis mittelfristige** Planung von Maßnahmen und Prozessen in den einzelnen Funktionsbereichen. Sie ist an den Zielen der langfristigen strategischen Planung ausgerichtet und soll deren Umsetzung sicherstellen.

Operative Ziele sind überwiegend an den laufenden Unternehmensaufgaben bzw. an kurzfristiger Erfolgsrealisierung ausgerichtet,
wie Umsatz, Gewinn, Marktanteil, Rendite, Produktivität.

Die operative Unternehmensplanung legt u.a. Folgendes fest:

- Kurzfristige Produktprogramme in den einzelnen Funktionsbereichen
- Kurzfristige Ergebnis- und Finanzplanung in betriebswirtschaftlichen Kennziffern
- Kurzfristige Verteilung und Verwendung der Unternehmensressourcen in den einzelnen Funktionsbereichen zur Realisierung der strategischen Ziele
  - → Umsetzen der Marketing-Aktivitäten auf Social Media
  - → Aufsetzen eines monatlichen Newsletter für bestehende Kunden
  - → Erstellen von Personaleinsatzplänen
  - → Maximierung des Gewinns bzw. des Deckungsbeitrags des einzelnen Funktionsbereichs

? In welchem Zeithorizont kann die Personalplanung eingeordnet werden?

Die Personalplanung muss in die gesamten Planungshorizonte (**lang-, mittel- und kurzfristige Planung**) des Unternehmens einbezogen werden,
denn sie kann nicht losgelöst von anderen Teilbereichen der Unternehmensplanung gesehen werden. Es bestehen Zusammenhänge mit allen Kernbereichen der gesamten Unternehmensplanung.

Die Personalplanung umfasst insbesondere die Planung ...

- des qualitativen und quantitativen Personalbedarfs,
- der Personalbeschaffung,
- des Personaleinsatzes,
- der Personalanpassung,
- der Personalentwicklung,
- des Personalabbaus/der Personalfreisetzung,
- der Personalkosten und
- der Personaleinarbeitung.

Ziel der Personalplanung ist, das erforderliche Personal für die Erfüllung aller bestehenden und zukünftigen Aufgaben eines Unternehmens

- in der erforderlichen Anzahl
- mit den erforderlichen Qualifikationen
- zum richtigen Zeitpunkt
- am richtigen Ort

zur Verfügung zu stellen.

Weitere Planungsmethoden:

Top-down-Methode	Hier verläuft der Planungsprozess **von oben nach unten**. Die Unternehmensleitung fixiert den Rahmenplan (Ziele, Zeitplan, Budget). Die Ziele pflanzen sich schrittweise bis zur untersten Ebene fort, dabei wird die Planung immer detaillierter, bis hin zu einzelnen Arbeitspaketen und Terminplänen. **Vorteile:** ■ Klare Zuordnung und gute Anpassbarkeit an die Aufbau-Organisation ■ Gute Kontrollierbarkeit und einfach zu evaluieren: Wurden die Pläne umgesetzt

	Nachteile: ■ Eingeschränkte Mitbestimmung der Mitarbeiter ■ Gefahr, dass die vorgelagerte Planungsebene der nachgelagerten Planungsebene Daten vorgibt, die diese unter Umständen nicht erfüllen kann → Demotivation der Mitarbeiter
Bottom-up-Methode	Die Projektstruktur entsteht **von unten nach oben**. Organisationsveränderungen beginnen an der Basis, der untersten Instanz. Sie sind Grundlage für die Planung der übergeordneten Instanz. **Vorteile:** ■ Stärkt die Kooperation mit den Mitarbeitern, indem sie deren Ideen und Fachwissen einbezieht → Motivation der Mitarbeiter ■ Praxisnähe → höhere Akzeptanz der Planung ■ Nutzung des Kreativitätspotentzals der Mitarbeiter **Nachteile:** ■ Hohe Anzahl von Vorschlägen ■ Häufig unstrukturiert ■ Zeitaufwändig ■ Schwierig zu evaluieren
Gegenstromverfahren	Das Gegenstromverfahren ist eine **Kombination** aus Top-Down- und Bottom-Up-Planung. Die Vorteile beider Ansätze werden kombiniert. Oberziele werden zunächst durch die Führungsebene formuliert und anschließend durch die niedrigeren Hierarchieebenen zerlegt, auf Umsetzbarkeit geprüft sowie durch Verbesserungs- und Änderungsvorschläge konkretisiert. Diese gehen zurück zur Führungsebene. Dort erfolgt die Koordination der abgestimmten Teilziele oder -pläne. **Vorteile:** ■ Motivation der Mitarbeiter ■ Ziel- und Planungsakzeptanz, Planungsgenauigkeit ■ Strategische Rahmenvorgaben durch die Führungsebene bleiben erhalten **Nachteile:** ■ Sehr zeitintensiv, daher problematisch wenn schnelle Entscheidungen getroffen werden müssen ■ Hoher Koordinationsaufwand

2.4 Planungstechniken und Analysemethoden

DEFINITION ANALYSE

Unter einer Analyse versteht man eine ganzheitliche, systematische Untersuchung, bei der das untersuchte Objekt oder Subjekt in seine Einzelbestandteile zerlegt wird und diese anschließend geordnet, untersucht und ausgewertet werden. Hierbei erkennt man Strukturen, Gesetzmäßigkeiten und Zusammenhänge.

? Welche typischen Analysemethoden und Planungstechniken gibt es?

ABC-Analyse	Methode zur Klassifizierung von Objekten
Wertanalyse	Verfahren zur Kostensenkung und Leistungsverbesserung durch Gegenüberstellung von Funktionswert zu Funktionskosten
Ursachenanalyse/ Ishikawa-Diagramm	Methode um den Zusammenhang zwischen Ursachen und Wirkung herzustellen („Was hat welche Wirkung worauf?“)
FMEA	Fehler-Möglichkeits- und Einflussanalyse FMEA Maßnahme zur Risikoerkennung und Risikobewertung
Benchmarking	Lernen von den Besten. Durch Vergleich von Systemen und Vorgehensweisen mit dem Branchenprimus, das eigene Unternehmen zu verbessern. Bsp.: Vergleich der Prozesse im eigenen Unternehmen, Konkurrenzvergleiche, Vergleich von Prozessen und Produkten branchenfremder Unternehmen, Vergleich mit Statistiken
Nutzwertanalyse	Methode, um den Nutzwert (Gesamtwert) einer bestimmten Maßnahme oder eines Projekts zu bestimmen, um eine Entscheidung zwischen mehreren Alternativen treffen zu können.
Produktlebenszyklus	Der Produktlebenszyklus ist der Prozess zwischen der Markteinführung bzw. Fertigstellung eines marktfähigen Gutes bis zu seiner Herausnahme aus dem Markt.

2.4.1 Methoden der Systemgestaltung (REFA)

Was versteht man unter dem 6-Stufen-Modell nach REFA? ?

Die sechs-Stufen-Methode nach REFA (neu: REFA-Planungssystematik) beschreibt in systematischer Weise das zweckmäßige Vorgehen zur Untersuchung, Bewertung und Gestaltung von Lösungsvarianten für Projekte unterschiedlicher Komplexität, mit dem Ziel der Verbesserung und Weiterentwicklung bestehender Systeme oder neuer Systeme.

Hierbei wird in sechs systematischen Planungsschritten vorgegangen, die problemlos auf unterschiedliche Aufgabenstellungen bzw. Vorhaben anwendbar sind. Dadurch wird eine systematische Betrachtung ermöglicht und reproduzierbare Planungsergebnisse geliefert.

Vorteile/Nutzen der sechs-Stufen-Methode	Nachteile/Risiken der sechs-Stufen-Methode
▪ Ganzheitliche Betrachtung unter Einbeziehung von Mensch, Technik, Organisation und Information ▪ Hohe Transparenz des Planungsablaufs ▪ Reproduzierbare Planungsergebnisse ▪ Vermeidung von Fehlplanungen und Nachbesserungen ▪ Mitarbeiterbeteiligung, Motivation ▪ Unterstützung unternehmerischer Entscheidungen ▪ Systematische Erarbeitung und Bewertung von Lösungsvarianten ▪ Weniger Kosten und Zeitaufwand	▪ Gefahr zu schematischer Arbeit ▪ Geeignetes Planungsteam erforderlich ▪ Hinreichende Qualifikation der Projektleiter erforderlich

Stufe 1: Arbeits-/Ausgangssituation analysieren

- Analyseschwerpunkte festlegen
- Analyse durchführen
  z.B. durch Nutzwertanalyse, Stärken-Schwächen-Analyse, Befragung
- Analyseergebnisse darstellen

Stufe 2: Ziele setzen und Aufgaben abgrenzen

- Ziele konkretisieren
  Zielkriterien: Kostenziel, organisatorische Ziele, wirtschaftliche Ziele, Terminziele, humane Ziele etc.
- Ziele gewichten
- Planungsaufgaben abgrenzen
  Systemgrenzen: Systemgröße, Minimalanforderungen, Projektgruppe, etc.

Stufe 3: Lösungen suchen und entwickeln

- Daten und Informationen sammeln
  z.B. Ermittlung der Ist-Zeiten durch Zeitaufnahme, Selbstaufschreibung, Formulare
- Alle denkbaren Lösungsalternativen suchen, z.B. durch den Einsatz von Kreativitätstechniken
- Beurteilung des Sucherfolgs: Konnten Lösungen unter der Zielsetzung und der Aufgabenabgrenzung gefunden werden?

Stufe 4: Lösungsvarianten bewerten und auswählen

- Lösungen nach technischen, wirtschaftlichen, rechtlichen und humanen Gesichtspunkten prüfen
- Die beste Lösungsalternative auswählen
- Entscheidung für eine Lösung
- Qualifikationsanforderungen abschätzen und Personalbedarf planen

Stufe 5: Lösungen einführen

- Betriebsmittel beschaffen
- Personelle Maßnahmen durchführen
- Lösung installieren
- Probebetrieb durchführen
- Belastung analysieren
- Daten ermitteln

Stufe 6: Zielerfüllung kontrollieren

- Abschlussdokumentation erstellen
- Erfolgskontrolle durchführen

BEACHTE

Aufbau und Inhalt der sechs Planungsstufen sind so gewählt, dass nach den einzelnen Analyse-und Konzeptionsschritten jeweils Entscheidungen getroffen werden müssen.
So wird sichergestellt, dass Bearbeitung und Lösungen permanent an den Unternehmensziele ausgerichtet werden.

2.4.2 Grundzüge der Wertanalyse

DEFINITION WERTANALYSE

Unter einer Wertanalyse versteht man ein **Verfahren zur Kostensenkung und Leistungsverbesserung durch Gegenüberstellung von Funktionswert zu Funktionskosten**.

- Die Wertanalyse beschäftigt sich mit den Wirkungen und Kosten eines Produkts bzw. eines Ablaufs in Bezug auf dessen Funktionen (= Zwecke, Aufgaben, Wirkungen).
  Bsp.: Ein Feuerzeug erfüllt die Funktion, Feuer, Wärme, Licht zu spenden
- Durch die Wertanalyse sollen die Funktionen eines Produktes zu den niedrigsten Kosten erstellt werden, ohne dass die erforderliche Qualität, die Zuverlässigkeit und die Marktfähigkeit des Produktes negativ beeinflusst wird.

Objekte der Wertanalyse können sein:

- Technische Produkte (wie Einzelteile, Baugruppen, Systeme)
- Technische Abläufe (wie Transport, Produktion, Entsorgung)
- Organisatorische Projekte (wie aufbau- und ablauforganisatorische Prozesse, Informations-, Dispositions-, Entscheidungsprozesse)

Ziele der Wertanalyse:

- Funktionen eines Produkts zu korrigieren, neue Lösungen zu finden und somit „unnötige Kosten" zu eliminieren (→ Kostensenkung)
- Erfüllung der Kernfunktionen eines Produktes, eines Prozesses oder einer Organisationsstruktur mit möglichst geringem Aufwand
- Prozessoptimierung und Optimierung der Qualität
- Optimierung von neuen und bestehenden Produkten, Abläufen und Organisationsformen
- Steigerung des Know-hows bei Teammitgliedern
- Teamarbeitsdenken
- Kosteneinsparungen, Kostensenkung
- Zeitersparnis durch planmäßiges Bearbeiten von Problemstellungen
- Wettbewerbsfähigkeit durch das Anbieten wertvoller Produkte zu akzeptablen Preisen am Markt

Zu beachten ist, dass die Wertanalyse umfassender ist als die bloße Rationalisierung. Es werden nämlich Wertziele wie Leistungsqualität, Unternehmensergebnis, soziale Bedürfnisse, Ressourcenschonung, Durchlaufzeit, Kundenakzeptanz oder Servicefreundlichkeit betrachtet, und zwar ohne dass Kostengesichtspunkte als Bewertungsmaßstab außer Acht gelassen wurden.

Vorgehen bei der Wertanalyse:

1. **Wertanalyse vorbereiten und planen**

   Grobziel, Aufgabe, Team, Zeit, Ressourcen, Rahmenbedingungen etc.

   - Zur Ermittlung der größten Einsparpotenziale ist zu prüfen, welche Produkte oder Prozesse im Unternehmen den größten Wert darstellen

2. **Ist-Zustand analysieren**

   Objekt-, Kosten-, Umfeld- und Funktionsstruktur, Benchmark etc.

   - Beschreiben der Funktionen des Produktes bzw. der Prozesse
   - Einteilen der Funktionen in Funktionskategorien
   - Zuordnen der Funktionskosten den jeweiligen Funktionen
   - Aufteilen der Funktionen in Haupt-, Neben- und verzichtbare Funktionen

3. **Soll-Zustand beschreiben und mit Ist-Zustand vergleichen**

   Informationen auswerten, Soll-Funktionen ermitteln, Zielsituation von der Ist-Situation ableiten, Soll-Funktionen mit Ist-Funktionen vergleichen, Vorgaben festlegen

4. **Lösungsideen entwickeln**

   Ideen anhand Kreativitätsmethoden sammeln und entwickeln

5. **Lösungen prüfen und festlegen**

   Lösungskonzepte nach Wirtschaftlichkeit und Realisierbarkeit (= Erfüllbarkeit der Anforderungen) prüfen und sich für eine Lösung entscheiden

   Beachte:

   Diejenige Lösung wählen, bei der die Funktionen mit den geringsten Kosten realisiert werden können

6. **Lösungen umsetzen**

   Umsetzung im Detail planen, durchführen und kontrollieren

2.4.3 Ursachen-, Nutzwert- und ABC-Analyse

2.4.3.1 Ursachenanalyse

DEFINITION URSACHENANALYSE

Die Ursachenanalyse ist eine **Methode zur Identifikation und Beseitigung der eigentlichen Ursachen von Fehlern bzw. Problemen.**

- Die Ursachenanalyse zielt darauf ab, die tiefer liegenden, ursächlichen Gründe für Probleme in ihrer ganzen Tragweite zu erfassen. Ist man zur Wurzel des Problems vorgedrungen, sind geeignete Abstellmaßnahmen daraus abzuleiten und umzusetzen.
- Die Ursachenanalyse wird eingesetzt, wenn ein systematisches Vorgehen ratsam ist, da offensichtliche und naheliegende Ursachen ausgeschlossen werden können.

Folgende typische Methoden zur Ursachenanalyse werden unterschieden:

1. **Ishikawa-Diagramm**

   Das Ishikawa-Diagramm (auch Ursache-Wirkungs-Diagramm oder Fischgräten-Diagramm genannt) hilft bei der Suche nach den Ursachen, indem man die Ursachen in verschiedene Kategorien aufteilt: Mensch, Maschine, Material, Methode, Management und Mitwelt/ Milieu etc.

   Hinweis:

   Näheres zum Ishikawa-Diagramm siehe "2.2.3.2 Ishikawa-Diagramm" auf Seite 102.

2. **5 mal Warum/ 5-Why Method**

   Bei der 5 mal Warum/ 5-Why Method fragt man solange "warum", bis die eigentliche Ursache des Problems gefunden wird.

   Jedesmal wenn auf die Warum-Frage eine Antwort erfolgt, wird diese mit einer erneuten Warum-Formulierung hinterfragt. Auf diese Weise dringt man immer tiefer bis zur eigentliche Ursache des Problems vor.

   Hinweis:

   Wenn es für ein Problem mehrere Ursachen gibt, muss man sich entscheiden, welchen Pfad man verfolgen will, da die 5-Why-Methode immer nur auf eine Ursache abzielt.

2.4.3.2 Nutzwertanalyse

DEFINITION NUTZWERTANALYSE

Die Nutzwertanalyse wird auch Punktwertverfahren, Punktbewertungsverfahren oder Scoring-Modell genannt.

Die Nutzwertanalyse ist eine **Methodik, die die Entscheidungsfindung bei komplexen Problemen rational unterstützen soll.**

→ Bei der Nutzwertanalyse wird ein Gegenstand hinsichtlich einer Reihe von Merkmalen untersucht. Hauptbewertungsgruppen sind i.d.R. wirtschaftliche, technische, rechtliche und soziale Merkmale.

→ Für die Ausgangsstellung des Gegenstandes (= Ziel) gibt es mehrere Varianten. Jede Variante erhält einen in Zahlen ausgedrückten Wert.

Zweck der Nutzwertanalyse:

Herauszufinden, wie groß der Nutzwert (Gesamtwert) einer bestimmten Maßnahme oder eines Projekts ist, um so eine Entscheidung zwischen mehreren Alternativen treffen zu können. Bevorzugt wird vom Entscheidungsträger die Alternative, die ihm den größten Nutzen bringen.

Beachte:

Der Nutzwert ist ein relativer Wert, der nicht monetär angegeben wird.

Vorgehen bei der Nutzwertanalyse:

1. Bewertungskriterien festlegen
2. Bewertungstabelle mit Punkten aufstellen
3. Evtl. Gewichtungsfaktoren der Kriterien bestimmen,
   um seiner Bedeutung bei der Problemlösung gerecht zu werden
4. Einzelne Nutzwerte für jedes Objekt und jedes Kriterium ermitteln
5. Evtl. Nutzwerte mit den Gewichtungsfaktoren multiplizieren,
   falls bei Punkt 3 Gewichtungsfaktoren bestimmt wurden
6. Die - gewichteten - Nutzwerte für jedes Objekt addieren
7. Ergebnis ermitteln

   Beachte:

   Das Objekt mit den meisten Punkten ist das Objekt mit dem höchsten Nutzwert.

Beispiel Nutzwertanalyse:

	Maschine 1			Maschine 2			Maschine 3		
	hoch	mittel	gering	hoch	mittel	gering	hoch	mittel	gering
Merkmale	30	20	10	30	20	10	30	20	10
1. Technische Merkmale									
Kriterium 1	30				20		30		
Kriterium 2			10	30				20	
2. Wirtschaftliche Merkmale									
Kriterium 1		20					10		10
Kriterium 2	30					20			10
3. Rechtliche Merkmale									
Kriterium 1									
Kriterium 2									
4. Soziale Merkmale									
Kriterium 1									
Kriterium 2									
Summen:									
Insgesamt:									

2.4.3.3 ABC-Analyse

DEFINITION ABC-ANALYSE

Die ABC-Analyse ist ein **betriebswirtschaftliches Mittel zur Planung und Entscheidungsfindung**. Sie unterteilt Objekte oder Prozesse in drei Klassen von A-, B- und C-Objekten/Prozessen und gewichtet diese nach ihrem durchschnittlichen Anteil, mit dem Ziel, Prioritäten zu erkennen.

Näheres zur ABC-Analyse finden Sie in Kapitel "2.2.3.1 ABC-Analyse" auf Seite 99.

2.4.4 Einsatz der Netzplantechnik

DEFINITION NETZPLAN

Ein Netzplan ist eine grafische oder tabellarische Darstellung von Abläufen bzw. Vorgängen und deren Abhängigkeiten.

Die Zeitplanung/ Terminplanung eines Projektes (Bau-, Veranstaltungs-, Organisations-, Entwicklungsvorhaben) wird typischerweise mit der Netzplantechnik durchgeführt. Dabei werden die definierten Meilensteine und Aktivitäten in ihre sachlogische Reihenfolge gebracht und zur visuellen Unterstützung der Tätigkeiten und der Tätigkeitsfolgen grafisch dargestellt. Hierzu müssen sowohl der Start als auch der Endtermin aller Vorgänge im Netzplan abgebildet werden. Anhand des entstandenen Netzes kann der kritische Pfad ermittelt werden.

? **Welcher Zweck verfolgt die Netzplantechnik und welche Vorteile bietet sie?**

Zweck der Netzplantechnik:

Planung und Darstellung der zeitlichen und (sach-)logischen Beziehungen zwischen mehreren Vorgängen zur Steuerung und Überwachung von Abläufen (Zeitplanung und Reihenfolgeplanung).

Vorteile der Netzplantechnik:

- Zwang zum exakten Durchdenken des Projektablaufs
- Parallelität
- Visualisierung und Transparenz der Vorgänge und des Gesamtprojektes, übersichtliche Darstellung der Abhängigkeiten
- Einfache Testmöglichkeit
- Ermittlung der zeitkritischen Vorgänge (des kritischen Pfades) → Möglichkeit der Minimierung der Projektdauer, deutliche Hervorhebung von Projektengpässen, rechtzeitiges Erkennen möglicher Verzögerungen und Abschätzen von Konsequenzen
- Reserven erkennen

Die Netzplantechnik ist zu empfehlen bei ...

- großen Projekten mit einer großen Anzahl von Terminvorgängen
- komplexen Aufgaben
- vernetzten Abläufen
- häufigen Änderungsnotwendigkeiten

Beachte:

Bei größeren Projekten ist der Einsatz von EDV bei der Netzplantechnik unerlässlich!

Aus welchen Elementen besteht der Netzplan? ?

Elemente des Netzplans:

- Vorgänge
  = Aktivität mit definiertem frühestem und spätestem Anfangs- und Endzeitpunkt
- Ereignisse
  = definierter und beschreibbarer Zustand im Projektablauf
- Anordnungsbeziehungen
  = fachliche, personelle und technische Abhängigkeit zwischen einzelnen Vorgängen
- Vorgangsknotennetze
- Vorgangspfeilnetze
- Ereignisknotennetze

Wie können Netzpläne grafisch dargestellt werden? ?

Grafische Darstellungsformen von Netzplänen:

Netzpläne werden typischerweise mit der Vorgangspfeiltechnik oder mit der Vorgangsknotentechnik dargestellt.

- Bei der Vorgangspfeiltechnik werden alle Vorgänge durch Pfeile dargestellt. Die Informationen zu den Vorgängen werden direkt an die Pfeile geschrieben. Die Knoten stellen die Anfangs- und Endpunkte der Vorgänge dar.
- Bei der Vorgangsknotentechnik werden alle Vorgänge durch Knoten dargestellt und mit Ablaufpfeilen zwischen den Vorgängen versehen. Die Informationen zu den Vorgängen stehen in den Knoten.

Vorgangspfeilnetz:

Bei der Vorgangspfeiltechnik werden alle Vorgänge durch Pfeile (auch „**Kanten**" genannt) dargestellt. Die Informationen zu den Vorgängen werden direkt an die Pfeile geschrieben. Die **Knoten** stellen die Anfangs- und Endpunkte der Vorgänge bzw. Ereignisse dar.

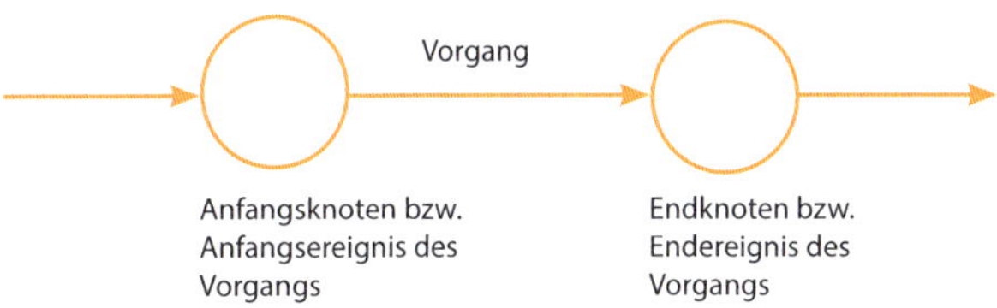

Abb.: Schematische Darstellung Vorgangspfeilnetz

Laut Definition des Vorgangspfeilnetzes ist es nicht möglich, **parallele Vorgänge** darzustellen, indem man zwei Knoten mit mehreren Kanten verbindet. Der Ausweg ist, dass man einen **Scheinvorgang** mit Dauer 0 einbaut. Der Scheinvorgang wird dabei mit einer gestrichelten Linie gezeichnet.

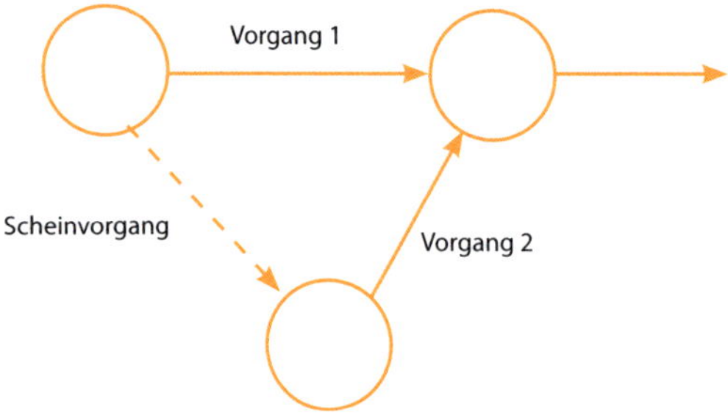

Abb.: Schematische Darstellung Vorgangspfeilnetz mit Scheinvorgang

Vorgang 1 und Vorgang 2 sind parallel, da der Scheinvorgang immer die Dauer 0 besitzt.

Im Rahmen der Projektplanung nach der Methode des kritischen Pfades (CPM, critical path method) werden die Knoten und Kanten im Vorgangspfeilnetz oft mit **zusätzlichen Informationen** zu **Dauer, Anfangs- und Endterminen sowie Pufferzeiten** versehen.

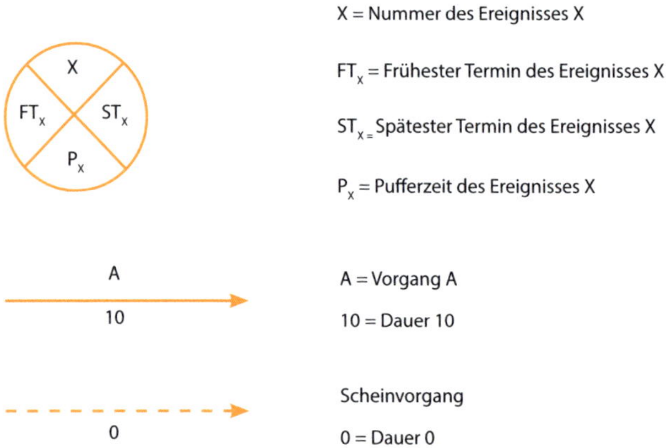

Abb.: Aufbau von Ereignis und Vorgang

Beispiel Vorgangspfeilnetz:

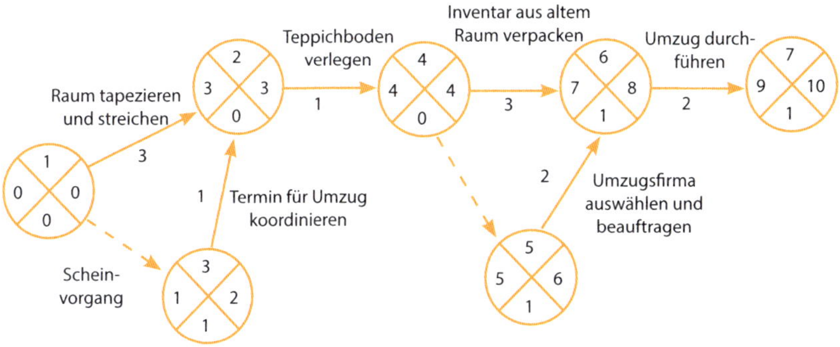

Abb.: Beispiel Vorgangspfeilnetz

Vorgangsknotennetz:

Bei der Vorgangsknotentechnik werden alle Vorgänge durch rechteckige Knoten dargestellt. Die Informationen zu den Vorgängen stehen in den Knoten. Die Pfeile bzw. Kanten zwischen den Vorgängen beschreiben die Anordnungsbeziehung bzw. logische Verknüpfung der Vorgänge untereinander. Ereignisse werden beim Vorgangsknotennetz nicht angezeigt.

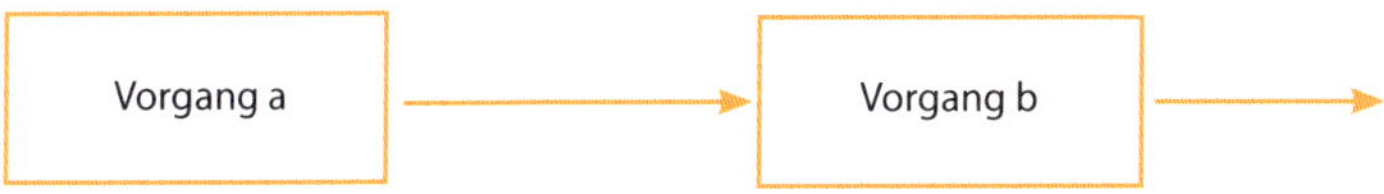

Abb.: Schematische Darstellung Vorgangsknotennetz

Im Knoten werden häufig verschiedene Informationen wie Dauer, Termine und Pufferzeiten gezeigt.

X	Vorgangsbezeichnung	
FAT_x	D_x	FET_x
SAT_x	P_x	SET_x

X = Nummer des Vorgangs X

FAT_x = Frühester Anfangstermin des Vorgangs X

SAT_x = Spätester Anfangstermin des Vorgangs X

D_x = Dauer des Vorgangs X

P_x = Pufferzeit des Vorgangs X

FET_x = Frühester Endtermin des Vorgangs X

SET_x = Spätester Endtermin des Vorgangs X

Abb.: Aufbau eines Vorgangs

Bei der Projektplanung mit dem Vorgangsknotennetz wird als häufigstes Verfahren die **Metra-Potenzial-Methode (MPM)** eingesetzt.

Die MPM ist ein Verfahren zur Berechnung von Netzplänen und nutzt für die Erstellung meist eine Verknüpfung der Knoten durch eine **Ende-Anfang-Beziehung (EA)**, d.h., mit einem Nachfolgevorgang kann begonnen werden, sobald der Vorgängervorgang beendet ist.

Beispiel Vorgangsknotennetz:

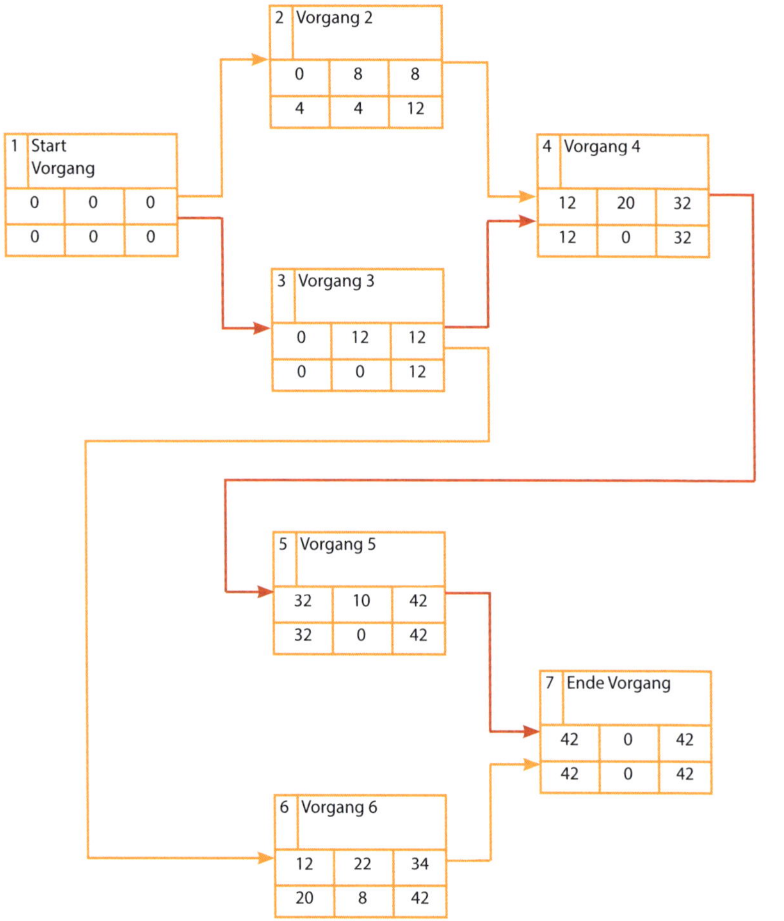

Abb.: Beispiel Vorgangsknotennetz

Wie erfolgt die Vorwärtsrechnung und die Rückwärtsrechnung bei der Netzplantechnik? ?

Vorwärtsrechnung:

Bei der Vorwärtsrechnung wird der frühestmögliche Anfangszeitpunkt (FAZ) und der frühestmögliche Endzeitpunkt (FEZ) eines Vorgangs berechnet, mit dem Ziel der Ermittlung des frühesten Endzeitpunktes des Projektes.

Vom Startzeitpunkt ausgehend werden Vorgang für Vorgang in die Zukunft schreitend die frühestmöglichen Starttermine und frühestmöglichen Endtermine der Vorgänge berechnet.

- FAZ des 1. Knotens = Null
- FEZ = Summe der FAZ + Knotenzeit (Vorgangsdauer)
- Wichtig: „FAZ des folgenden Knotens" = „FEZ des Vorgängers"

Rückwärtsrechnung:

Bei der Rückwärtsrechnung wird der späteste Anfangszeitpunkt (SAZ) und der späteste Endzeitpunkt (SEZ) eines Vorgangs berechnet, mit dem Ziel der Ermittlung des spätesten Anfangszeitpunktes des Projektes.

- SEZ des Endknotens = FEZ des Endknotens
- SAZ = Summe der SEZ - Knotenzeit (Vorgangsdauer)
- Wichtig: „SEZ des folgenden Knotens" = „SAZ des Ausgangsknotens"

Vorwärtsrechnung	Rückwärtsrechnung
Ermittlung frühestmöglicher Vorgangszeitpunkte	Ermittlung spätestmöglicher Vorgangszeitpunkte
Ausgangspunkt ist der Starttermin	Ausgangspunkt ist der spätestmögliche Endzeitpunkt des letzten Vorgangs
Ermittlung ■ des frühestmöglichen Anfangszeitpunktes und ■ des frühestmöglichen Endzeitpunktes	Ermittlung ■ des spätestmöglichen Anfangszeitpunktes und ■ des spätestmöglichen Endzeitpunktes

? **Wie ermittelt man Pufferzeiten?**

DEFINITION GESAMTPUFFER GP

Unter einem Gesamtpuffer versteht man die Zeit, um die eine Aufgabe verzögert werden könnte, ohne das Gesamtprojekt/das Projektende zu verzögern,
sog. Zeitreserven oder zeitliche Spielräume.

DEFINITION FREIER PUFFER FP

Unter einem Freien Puffer versteht man den Zeitraum, um den ein Vorgang verschoben werden kann, wenn sich der Vorgang selbst und seine Nachfolger in der frühesten Lage befinden.
Die Ausnutzung des Freien Puffers beeinflusst die Lage nachfolgender Vorgänge nicht.

Berechnung der Gesamtpufferzeit (GPZ):

- GPZ = SAZ - FAZ,
  d.h. spätester Anfangszeitpunkt des Vorgangs minus frühester Anfangszeitpunkt des Vorgangs
- GPZ = SEZ - FEZ,
  d.h. spätestmöglicher Endzeitpunkt des Vorgangs minus frühestmöglicher Endzeitpunkt des Vorgangs

Beachte:

→ Beide Berechnungsmethoden müssen zum gleichen Ergebnis führen. Ist das nicht der Fall, so ist einer der vorherigen Werte unrichtig berechnet worden.

→ Ist die Pufferzeit gleich Null, ist der Vorgang ein kritischer Vorgang und gehört zum kritischen Pfad des Projektes.

? **Was versteht man unter dem kritischen Pfad?**

DEFINITION KRITISCHER PFAD

Der kritische Pfad ist die Verkettung derjenigen Vorgänge, bei deren zeitlicher Änderung sich der Endtermin des Netzplanes verschiebt.

Hinweise:

- Die Aktivitäten, die auf dem kritischen Pfad liegen, bestimmen die Gesamtprojektdauer (Projektleitung muss darauf besonders achten!)
  - → Der kritische Pfad bestimmt die Mindestprojektdauer.
  - → Schafft man es, bei den kritischen Vorgängen Zeit einzusparen, kann man die Laufzeit des gesamten Projektes verkürzen.
- Die Vorgänge und Meilensteine auf dem kritischen Pfad hängen zeitlich und/oder logisch voneinander ab.
- Die Elemente auf dem kritischen Pfad haben allesamt keine zeitlichen Reserven. Sie müssen pünktlich fertig werden, sonst ist die geplante Projektdauer gefährdet.
- Alle anderen Aktivitäten können im Rahmen ihrer Pufferzeit zeitlich verschoben oder verlängert werden, ohne die Gesamtprojektdauer zu verändern.
- Die Methode des kritischen Pfades dient dazu, Engpässe im Projekt aufzuzeigen.
- Ein einmal identifizierter kritischer Pfad muss nicht unbedingt für immer der kritische Pfad bleiben. Es kann auch im Laufe des Projektes einen neuen kritischen Pfad geben. Ein Projekt kann auch mehr als einen kritischen Pfad haben.

3

Anwenden von Präsentationstechniken

Strukturierung der schriftlichen Prüfung	10%

3.1 Aufgaben der Präsentation

DEFINITION PRÄSENTATION

präsentieren (franz.) = darbieten, vergegenwärtigen

Unter einer Präsentation versteht man einen **mündlichen Vortrag** einer oder mehrerer Personen, bei dem einer konkreten Zielgruppe bestimmte Inhalte in strukturierter Form **unter Verwendung visueller Hilfsmittel** dargeboten werden.

Die drei Hauptziele der Präsentation:

- Information
- Überzeugung
- Motivation

Präsentationsarten:

- Präsentationen von Arbeitsergebnissen oder von Workshops
- Referate
- Vorträge
- Moderationen
- Produktpräsentationen
- Unterweisungen und Belehrungen

3.1.1 Methodische Darstellung von komplexen Informationen

Bei der Präsentation werden die Informationen eines Vortrags visualisiert. Die Adressaten des Vortrages nehmen die dargebotenen Informationen folglich nicht nur über das Gehör sondern zusätzlich visuell auf.

DEFINITION VISUALISIERUNG

Unter Visualisierung versteht man das Übersetzen einer Information (Zahlen, Daten, Fakten und Meinungen) in eine bildliche Darstellung zur Unterstützung des Informationsflusses.

BEACHTE

Die Visualisierung ersetzt nicht das gesprochene Wort, sondern soll die Informationen leichter erfassbar machen, die Aufmerksamkeit des Zuhörers verstärken, eine Orientierungshilfe geben und das Behalten fördern.

Die Visualisierung hat somit zur Folge, dass Inhalte besser verstanden werden und sich besser einprägen. Darüber hinaus gestaltet sich der Vortrag durch die Präsentationstechniken interessanter und ansprechender.

Erläutern Sie den Zusammenhang zwischen Visualisieren und Behaltensquote. ?

Hinweis:

Die **Behaltensquote** gibt an, mit welcher prozentualen Wahrscheinlichkeit die Information im Gedächtnis bleibt.

Wissenschaftliche Untersuchungen ergaben, dass die Informationsaneignung und die Behaltensquote davon abhängt, wie der Mensch das Mitgeteilte wahrnimmt.

Wir behalten ...

- 10 % von dem, was wir lesen
- 20 % von dem, was wir hören
- 30 % von dem, was wir sehen
- 50 % von dem, was wir hören und sehen
- 70 % von dem, worüber wir selber sprechen
- 90 % von dem, was wir selbst tun

Am höchsten ist die Behaltensquote, wenn wir etwas nicht nur hören, sondern auch sehen. Wenn die Informationen sowohl visuell als auch auditiv wahrgenommen werden, also der Zuhörer gleichzeitig Zuschauer ist, dann steigt die Behaltensquote auf 50 Prozent an.

Dieses Wissen gilt es bei Präsentationen umzusetzen und eine ansprechende Visualisierung zur Steigerung der Behaltensquote zu gestalten.

Daher ist das Visualisieren sehr wichtig und muss vom Industriemeister erlernt und beherrscht werden.

? Welche Grundregeln sind bei einer Präsentation zu beachten?

- Lautstärke und Sprechtempo,
  d.h. laut und langsam sprechen, Pausen beim Sprechen einlegen
- Sprech– und Redetechnik,
  d.h. deutliche klare Aussprache, Betonung, kurze präzise Hauptsätze, Einsetzen geeigneter Fragetechniken, keine zu langen Sätze bilden, in „Bildern" sprechen, die Sprache der Zuhörer verwenden, überflüssige Fachbegriffe und Fremdwörter vermeiden, notwendige Fachbegriffe und Fremdwörter evtl. erklären
- Einsatz geeigneter Medien und Hilfsmittel zur Visualisierung sowie Gestaltungselemente der Visualisierung richtig einsetzen

  Beachte:

  Der Einsatz von Präsentationsmedien beruht auf der Erkenntnis, dass einerseits Menschen unterschiedliche Kanäle der Wahrnehmung (Hören, Sehen etc.) nutzen und andererseits das Verstehen und Behalten des Inhalts höher ist, je mehr Kanäle der Wahrnehmung benutzt werden.
  Die Visualisierung ist daher ein wichtiges unterstützendes Instrument, denn Visualisierung bietet Anschaulichkeit, Vereinfachung („ein Bild sagt mehr als 1000 Worte"), Abwechslung, Schwerpunktsetzung und Verbesserung der Informationsverarbeitung
- Körpersprache
  authentische und sichere Körpersprache, Mimik und Gestik entsprechend dem Inhalt der Präsentation einsetzen, Haltung, sicherer Stand, Position zum Publikum, Blickkontakt zum Publikum halten
- Gute Vorbereitung der Präsentation durch den Präsentator,
  d.h. Durchführung einer Adressatenanalyse, gute fachliche und mentale Vorbereitung, Präsentationszeit genau planen, Vorbereitung der Präsentationsmittel, Üben des Technikeinsatzes, Üben der Präsentation, Lampenfieber einplanen, Reaktionen der Zuhörer durchdenken
- Verständlicher Inhalt, klare Aussagen und zielgerichtete Struktur („roter Faden")

? Welche Regeln sind bei der (Folien-)Gestaltung zu beachten?

- Gut lesbare und richtige Schriftgröße:
  Die „Zuhörer" sollen die Schrift lesen können
- Stichworte, kurz halten:
  Keine ganzen Sätze, keine Fließtexte, nicht überfrachten - maximal 7 Informationen pro Folie
- Grafische Elemente, wie Grafiken, Symbole, Diagramme und Bilder, gezielt zur Verdeutlichung von Abläufen, Kausalitäten und Zusammenhängen einsetzen

- Gestalterische Mittel, wie Farben und Hervorhebungen, sowie Schriftarten maßvoll nutzen, um die Übersichtlichkeit zu fördern und um Zusammenhänge zu verdeutlichen. „Trockene" Themen können durch ihren Einsatz aufgelockert werden. Animation sparsam einsetzen
- Bei logisch zusammengehörenden Informationen, Blöcke bilden und gliedern
- Jede Folie mit Überschrift versehen
- Gleiches Design für jede Seite verwenden (corporate design), ansprechendes Layout
- Folie nicht bis an den Rand beschreiben
- Inhaltliche Struktur optisch hervorheben

BEACHTE

Jeder, der seine Idee präsentiert, präsentiert auch sich selbst. D.h., der Präsentator und seine persönlichen Wirkungsmittel sind mitbestimmend für den Präsentationserfolg.

3.1.2 Zielgerichtete Informationen

Eine Präsentation kann verschiedene Ziele verfolgen.

Zum einen kann die Intention der vortragenden Person die Information eines Adressatenkreises sein, zum anderen kann eine Präsentation natürlich auch dazu dienen, die Zielgruppe von einer Lösungsalternative oder einer Idee zu überzeugen.

Je nach Ziel einer Präsentation unterscheiden sich der Inhalt und der Aufbau dieser Präsentation und auch die Vortragsweise.

Um ein Thema zielgerichtet zu präsentieren, müssen folgende Überlegungen angestellt werden:

- Was soll dargestellt werden (→ Inhalt)?
- Wozu soll die Präsentation dienen (→ Ziel)?
- Wer soll mit der Präsentation informiert/überzeugt usw. werden (→ Zielgruppe)?
- Mit welchen Medien soll der Inhalt präsentiert werden (→ Medieneinsatz)?

3.2 Planung und Vorbereitung einer Präsentation

3.2.1 Thema und Ziel der Präsentation

Das Thema der Präsentation ist meistens sehr schnell gefunden. Das Ziel der Präsentation ist schwieriger zu finden und kann ein ganz anderes sein. Es muss der Zielgruppe, dem Anlass und der Art der Präsentation entsprechen.

> ? **Was ist das Ziel einer Präsentation?**

Was möchte ich erreichen?

Am Anfang jeder Präsentation steht das konkret ausformulierte Ziel.

Leitfragen für die Erarbeitung des Präsentationsziels:

- Was wollen Sie mit Ihrer Präsentation erreichen?
- Welches Ziel/ welche Ziele hat Ihre Präsentation?
- Was genau sollen Ihre Teilnehmer am Ende der Präsentation wissen oder tun?
- Was soll das Ergebnis und der Nutzen der Präsentation sein? Zu welchem Denken und Handeln möchten Sie Ihre Zuhörer bewegen?
- Was konkret soll sich bei den Teilnehmern durch Ihre Präsentation verändern?

Das Ziel der Präsentation ist „smart“ zu definieren.

Hinweis:

„smart“ ist ein Akronym für "specific, measurable, achievable, realistic, timely"
D.h., das Ziel muss konkret, erreichbar, messbar, angemessen und motivierend sein. Zudem muss eine klare Terminvorgabe bestehen, bis wann das Ziel erreicht sein muss.

Hinweise:

- Nur konkret ausformulierte Ziele geben Ihrer Präsentation eine eindeutige Ausrichtung und rechtfertigen den Zeitaufwand, den Sie und ihre Zuhörer investieren.
- Das Präsentationsziel entscheidet über den Inhalt, den Aufbau und die Gestaltung der Präsentation.

Es werden sachliche und persönliche Ziele unterschieden:

1. Sachliche Ziele einer Präsentation sollen insbesondere
   - Verständnis erwirken,
   - Informationen vermitteln,
   - Wissen weitergeben,
   - Zuhörer überzeugen, z.B.
     - → sich für eine bestimmte Alternative zu entscheiden,
     - → eine Möglichkeit zu wählen,
     - → eine Idee zu akzeptieren,
     - → ein Produkt oder eine Dienstleistung zu kaufen,
     - → eine Sache oder ein Engagement zu unterstützen,
     - → für eine Sache oder ein Engagement zu stimmen.
   - Entscheidungsprozesse in Gang setzen bzw. Entscheidungen vorbereiten,
   - das Bewusstsein für bestimmte Problemstellungen schärfen,
   - begeistern und positive Einstellungen entwickeln.

2. Persönliche Ziele einer Präsentation sollen insbesondere
   - die Sympathie der Zuhörer gewinnen,
   - die eigene Kompetenz demonstrieren um Anerkennung als Fachmann zu erhalten,
   - die Freude und Fähigkeit des Präsentierens zeigen.

BEACHTE

Sachliche und persönliche Ziele lassen sich nicht immer ganz genau voneinander trennen.

3.2.2 Zielgruppenanalyse

Wen spreche ich an?

Eine Präsentation kann nur erfolgreich sein, wenn die Zielgruppe/die Adressaten der Präsentation klar sind, denn zum einen benötigt jede Zielgruppe eine individuelle Ansprache und zum anderen ist die Motivation einer Präsentation mit einer gewissen Zielgruppe etwas Bestimmtes zu erreichen.

Eine effektive Adressatenanalyse/Teilnehmeranalyse gelingt am besten über die „SIE-Formel“:

- **S ituation**
  Anzahl Teilnehmer, Alter, Geschlecht, homogene oder heterogene Teilnehmergruppe?
- **I nteresse**
  Erwartungen, Einstellungen zum Thema, Vorwissen, Gemeinsamkeiten, Interessen, Überzeugungen und Ängste der Teilnehmer, Defizite und Probleme der Teilnehmer, wie können die Teilnehmer motiviert werden?
- **E igenschaften**
  Bildungsstand, Ausbildung/Beruf, Informationsstand, Vorwissen, welche Medien sprechen die Teilnehmer an? Handlungsspielraum der Teilnehmer (wie Hierarchie, Verantwortlichkeit, Entscheidungskompetenz)

Hinweis:

Je stärker der Präsentator auf die Teilnehmer und deren Erwartungshaltung eingeht, desto wahrscheinlicher erreicht er seine sachlichen und persönlichen Ziele, die er mit der Präsentation verfolgt.

3.2.3 Inhaltliche und organisatorische Vorbereitung der Präsentation

BEACHTE

- Eine Präsentation ist eine ansprechende Verpackung von Inhalten!
- Wichtig ist eine gute inhaltliche Vorbereitung, eine abwechslungsreiche Präsentation und ein angepasster Medieneinsatz.

Vorbereitung der Inhalte einer Präsentation	**Folgende Schritte sollten bei der Aufbereitung des Inhaltes beachtet werden:** 1. Schritt: Sammeln von Informationen ■ Recherche von Fachliteratur, im Internet etc. 2. Schritt: Selektieren und Sortieren der Informationsfülle ■ Relevanz, Reihenfolge, Gliederung 3. Schritt: Komprimieren und Gewichten der Inhalte ■ auf wesentliche Inhalte reduzieren ■ Inhalte teilnehmerbezogen aufbereiten 4. Schritt: Informationen visualisieren ■ Information in eine bildliche Darstellung übersetzen ■ geeignete Tools einsetzen und optimale Medienauswahl

	Bei der Vorbereitung der Präsentation sollten folgende Punkte beachtet werden: 1. Anfang und Ende sowie die Übergänge der Präsentation genau planen 2. Stichwortzettel erarbeiten 3. Gestaltung ansprechender Medien (Folien, Power-Point-Präsentationen etc.)
Organisatorische Vorbereitung	■ Ort und Raum planen und reservieren → Angemessene Größe des Raumes → Ruhig, ungestört → Passende Lichtverhältnisse, den Medien entsprechend → Angemessene Belüftung oder Klimatisierung → Geeignete Sitzplatzanordnung (U-Form oder Reihen) ■ Zeitpunkt (Uhrzeit) und Dauer der Präsentation richtig wählen ■ Auswahl des Medieneinsatzes, Klärung der vorhandenen Medien und deren Funktionsweise ■ Prüfen der Funktionsfähigkeit der Geräte, Medien und Einrichtungen des Präsentationsraums ■ Materialien vorbereiten ■ Pausenorganisation wie Getränke, Snack bestellen ■ Evtl. Unterlagen für die Teilnehmer in ausreichender Menge vorbereiten (sog. Handouts) ■ Persönliche Vorbereitung z.B. Stichwortzettel/Notizzettel erstellen ■ Interaktionsstrategie, Notfallplanung ■ Rechtzeitige Einladung an die Teilnehmer
Generalprobe	Vor der Präsentation macht es Sinn, den Einsatz in einer Generalprobe zu testen. Hierbei können insbesondere Schwachstellen erkannt, freie Rede geübt, Sicherheit gewonnen, die zu benötigende Zeit abgestoppt, sowie der Medieneinsatz auf seine Funktionsfähigkeit überprüft werden.

3.2.4 Präsentationsmedien

BEACHTE

Eine Präsentation ohne Visualisierung ist keine Präsentation!

DEFINITION PRÄSENTATIONSMEDIEN

Präsentationsmedien sind Träger visueller Information. Sie sind technische Hilfsmittel, die von ihren Inhalten unabhängig sind und die unterschiedlichsten Informationen visualisieren können.

Der Einsatz visueller Hilfsmittel beeinflusst maßgeblich den Erfolg einer Präsentation. Präsentationsmedien sollten die Wirkung des Wortes steigern und unterstützen, indem sie die Aufmerksamkeit des Zuhörers auf das Wesentliche hinlenken und dazu beitragen, seine Aufmerksamkeit aufrechtzuerhalten. Sie dienen damit der effektiveren Vermittlung komplexer Informationen.

Die visuelle Umsetzung

- beschleunigt die Informationsaufnahme,
- verkürzt die durchschnittliche Länge eines Vortrags um ca. 28 % und
- erhöht die Überzeugungskraft der Präsentation.

Allerdings müssen die visuellen Hilfsmittel beherrscht und ihr Einsatz gut vorbereitet sein.

? **Welche Präsentationsmedien werden unterschieden?**

Pinnwand/ Metaplanwand	Auf einer großformatigen Pinn(Steck-)wand werden Karten mit kurzen Texten/ Stichwörtern frei angeordnet. Sie werden dort mit Nadeln angepinnt und können so im Laufe der Diskussion auch immer wieder neu geordnet werden.
Flipchart	Das Flipchart besteht aus einer großen Platte, die oben eine Klemmvorrichtung für das Flipchartpapier - Größe Din A1 bis A0 - hat und auf einem transportablen Gestell steht. Auf den Flipchartbögen kann entweder der Inhalt während der Präsentation Schritt für Schritt hergeleitet und/oder schon im Vorfeld vorbereitet werden.
Whiteboard	Ein Whiteboard, auch Weißwandtafel oder weiße Tafel genannt, ist eine Weiterentwicklung der nur mit Schulkreide beschreibbaren Schultafel (= Grüntafel).
Beamer	Ein Beamer ist ein spezieller Projektor, der Bilder aus einem visuellen Ausgabegerät (z.B. Computer, DVD-Player, Videorekorder) für ein Publikum in vergrößerter Form an eine Leinwand projiziert.

Overheadprojektor	Der Overheadprojektor (OH) wird auch Tageslichtprojektor, Polylux oder Tageslichtschreiber genannt. Der OH projiziert transparente Folien an eine Leinwand. Die Folie wird auf eine horizontale, von unten beleuchtete Arbeitsfläche gelegt und mit einem Spiegel zur Leinwand umgelenkt.
Videorecorder	Mit diesem Medium können Videoaufzeichnungen, z.B. spezielle Lehrprogramme oder aufgezeichnete Fernsehsendungen, abgespielt werden.
Anschauungsmaterial	Handouts, Fachbücher, Arbeitsblätter, Zeitungen, Zeitschriften, aktuelle Berichte, Lern- und Übungsmaterial, Test- und Prüfungsmaterial etc.
Modelle	Ergänzung der Präsentation mit Modellen, wie Architekturmodelle, Schnittmodelle, Funktionsmodelle etc.

Welche Vorteile und Nachteile bieten die vorgenannten Präsentationsmedien? ?

	Vorteile	Nachteile
Pinnwand/ Metaplanwand	▪ Aktive Teilnehmerbeteiligung ist möglich ▪ Flexibles und spontanes Arbeiten ist möglich ▪ Kreativitätsfördernd ▪ Einfache Technik und Handhabung ▪ Karten können umgesteckt und neu geordnet bzw. strukturiert werden	▪ Dokumentation und Speicherung der Ergebnisse ist aufwändig ▪ Nur für eine geringere Zahl Teilnehmer geeignet ▪ Hoher Anspruch an den Moderator
Flipchart	▪ Einfache Technik und Handhabung ▪ Beschriebene Blätter können als Gesamtergebnis nebeneinander an die Wand geklebt werden ▪ Transportierbar und im Raum flexibel aufstellbar ▪ Vorfertigung der Flipchart-Blätter ist möglich ▪ Aktive Teilnehmerbeteiligung ist möglich ▪ Flexibles und spontanes Arbeiten ist möglich	▪ Vergleichsweise teures Papier ▪ Relativ kleine Fläche zum Beschriften ▪ Nicht für sehr große Räume geeignet und nur für eine geringere Zahl Teilnehmer ▪ Dokumentation und Speichern der Ergebnisse ist aufwändiger

Whiteboard	■ Einfach zu handhaben ■ Fast immer verfügbar ■ Aktive Teilnehmerbeteiligung ist möglich ■ Flexibles und spontanes Arbeiten ist möglich	■ Gefahr, zum Whiteboard zu sprechen ■ Vollgeschriebene Tafeln müssen abgewischt werden ■ Feste Montage erzwingt bestimmte Sitzordnung ■ Keine Wiederverwendung/Speichermöglichkeit der Ergebnisse ■ Vorbereitung ist kaum möglich
Beamer	■ Für jegliche Gruppengröße einsetzbar ■ Transportierbar und im Raum flexibel aufstellbar ■ Kombination mit anderen Medien wie DVDs, Video-CDs, Internet möglich ■ Kein Materialverbrauch ■ Inhaltliche Korrekturen und Ergänzungen sind kurzfristig möglich	■ Störungsanfälligkeit ■ Vergleichsweise teure Anschaffung ■ Hoher Anspruch an den Umgang mit Technik ■ Vergleichsweise schlechte Tonqualität, daher oft gute Aktivboxen oder Verstärkeranlage nötig
Overhead-projektor	■ Einfache Technik und Handhabung ■ Transportierbar und im Raum flexibel aufstellbar ■ Schnelle und leichte Herstellung von Folien ■ Flexibles und spontanes Arbeiten sowie aktive Teilnehmerbeteiligung ist möglich ■ Änderungen (der Folien und der Folienreihenfolge) sind kurzfristig möglich ■ Blickkontakt mit den Zuhörern möglich	■ Projektionswand erforderlich ■ Nicht immer freie Sicht ■ Tendenz, zu viele Folien einzusetzen ■ Je nach Lichtstärke Verdunkelungsproblem ■ Hoher Materialverbrauch von Folien und Folienschreibern (Umweltschutz)
Video etc.	■ Transportierbar und im Raum flexibel aufstellbar ■ Vorführung auch von selbst produzierten Videos bzw. Ausschnittvideos möglich ■ Sehr anschauliches und vertrautes Medium ■ Komplizierte Zusammenhänge sind darstellbar	■ Mit Fernsehgerät relativ kleines Bild (nur für kleinere Räume geeignet), Beamer zur Großbildprojektion nicht immer verfügbar ■ Spontaneität und Interaktion kaum möglich ■ Handout-Möglichkeiten sind stark eingeschränkt

Anschau-ungsmaterial	■ Anschauliches und vertrautes Medium ■ Einfach zu handhaben ■ Aktive Teilnehmerbeteiligung ist möglich	■ Unaufmerksamkeit ("Steht ja alles im Skript"), Teilnehmer blättern hin und her; weniger Blickkontakt, da Teilnehmer in die Unterlagen schauen ■ Materialverbrauch
Modelle	■ Anschauliches Medium ■ Hebt Wesentliches hervor ■ Sind kleiner als das Original	■ Entsprechen nicht dem tatsächlichen Zustand

Welche Vorteile bietet die Vorbereitung einer Präsentation am PC? ?

- Inhaltliche Korrekturen und Ergänzungen sind leicht möglich
- Einfache Anpassung der Präsentation bei geänderten Anforderungen
- Die Präsentation ist für weitere Aufgaben oder Anlässe wiederverwendbar
- Die Übernahme von Daten aus dem Betrieb ist leichter möglich
- Betriebliche Präsentationsvorlagen können für die eigene Präsentation genützt werden (corporate design)
- Präsentationsprogramme ermöglichen nicht nur die Erstellung von Folien, sondern auch von Kärtchen, Postern und von Teilnehmerunterlagen etc.
- Gute und leichte Dokumentationsmöglichkeit sowie evtl. Archivierungsmöglichkeit

Von welchen Bedingungen ist die Wahl der Präsentationsmedien abhängig? ?

Die Wahl des geeigneten Präsentationsmediums ist abhängig ...

- **vom Einsatzziel und den äußeren Rahmenbedingungen**
  wie Publikum, Zielsetzung, räumliche Gegebenheiten (Raumgröße, Lichtverhältnisse, Tisch- und Sitzordnung, vorhandene Netzanschlüsse), Vorbereitungszeit etc.
- **vom Präsentator selbst**
  Beachte: Ein unprofessioneller Medieneinsatz fällt den Zuhörenden auf.
  Besitzt der Präsentator Medienkompetenz? Ist er im Umgang mit den Medien geschult?
- **vom Kosten-Nutzen-Aspekt**
  Welches Budget und welche Technik stehen zur Verfügung?
  Was kostet das Präsentationsmittel und welchen Nutzen bietet es (wirtschaftliche Überlegung)?

? Welche Regeln müssen beim Medieneinsatz beachtet werden?

Grundsätzlich gibt es keine festen Regeln, welches Medium wann und wo eingesetzt werden darf.

Aber für alle visuellen Hilfsmittel gilt:

- Die Medien müssen überlegt eingesetzt werden, also dem Ziel der Präsentation angemessen sein
- Im Vorfeld des Medieneinsatzes muss sich der Präsentator mit der Funktionsweise, den technischen Voraussetzungen vertraut machen und diese prüfen
- Die Räumlichkeiten müssen auf den Medieneinsatz optimal vorbereitet sein (z.B. Lichtverhältnisse)
- Die visualisierten Inhalte müssen für alle Teilnehmer klar lesbar und sichtbar (freie Sicht auf das Medium) sein
- Dem Publikum genügend Zeit für das Aufnehmen und Lesen geben
- Blickkontakt zum Publikum halten
- Keine Informationsflut, keine ablenkenden Spielereien, Visualisierungen als roten Faden benutzen
- Bei der Präsentation nicht den Visualisierungen zuwenden, nicht im Bild stehen
- Übersichtlichkeit der visualisierten Inhalte → weniger ist mehr

3.3 Durchführung einer Präsentation

Bei der Durchführung einer Präsentation kommt es darauf an, dass die Vorbereitung bestmöglich in die Tat umgesetzt wird.

Was ist bei der Durchführung einer Präsentation zu beachten? ?

Einführung/ Eröffnung/ Einleitung	Einleitungen dienen dazu, das Publikum „abzuholen" und auf den Kern der Präsentation zu führen. **Die Eröffnung ist folgendermaßen aufzubauen:** 1. Begrüßung, Kontakt zu den Zuhörern aufbauen 2. Evtl. Vorstellung des Präsentators, wenn dieser dem Publikum nicht bekannt ist 3. Thematische Einführung in die Präsentation → Interessanter Einstieg, Neugierde wecken → Anlass, Thema, Problem, Nutzen darstellen → Orientierung geben z.B. durch Verdeutlichung des Ziels und der Fragestellung → Kurzer Überblick und Ablauf der geplanten Präsentation **Ziel der Eröffnung:** Positiver Eindruck, positive Grundstimmung **Beachte:** ■ **Beurteilungsfehler „Erster Eindruck"** Die ersten Eindrücke bzw. die ersten Worte sind ausschlaggebend für den Erfolg der Präsentation, denn diese werden sehr viel stärker berücksichtigt als spätere Eindrücke. Daher müssen die ersten Worte, die Mimik und Gestik gut gewählt werden. ■ Genauso wichtig ist ein gepflegtes, dem Anlass angemessenes Äußeres. **Hinweis:** Die Eröffnung sollte 1/10tel der Zeit nicht überschreiten.
Hauptteil	Im Hauptteil der Präsentation erfolgt die **ausführliche Ausgestaltung des Präsentationsthemas.** Die Präsentation des Hauptteils orientiert sich an der Zielsetzung, dem Teilnehmerkreis, dem Anlass, den Sachzusammenhängen und dem Ziel der Verständlichkeit.

Hauptteil (Forts.)	**Hinweis:** Allgemeingültige Empfehlungen für den Aufbau des Hauptteils existieren nicht. Dafür sind die Themen, Zielsetzungen und Situationen zu unterschiedlich. **Typischerweise werden im Hauptteil folgende Punkte beschrieben:** ■ Analyse des Ist-Zustandes bzw. des Problems (->Ausgangssituation) ■ Beschreibung des Soll-Zustandes ■ negative Konsequenzen aufzeigen bzw. Erläuterung von Pro und Contra ■ Ziele definieren ■ Auswahl bzw. Lösungen vorschlagen ■ Entscheidung einholen ■ operative Schritte: Umsetzung des Lösungsvorschlages **Zu beachten ist u.a.:** ■ Vom Bekannten zum Unbekannten, vom Überblick zum Detail, logische Abfolge, These - Antithese, abwechslungsreich, „Story Telling" ■ Grundregeln der Präsentation wie angemessene Rhetorik, Blickkontakt, Mimik, Gestik, Stimme, gute inhaltliche Vorbereitung und logischer Aufbau, geschickter Medieneinsatz, abwechslungsreich ■ Regeln der Foliengestaltung **Hinweis:** Der Hauptteil sollte 3/4tel der Präsentationszeit in Anspruch nehmen.
Schlussteil	■ Zusammenfassen der wichtigsten Aussagen, aber extrem kurz ■ Fazit nennen ■ Evtl. Appell äußern, um die Teilnehmer zu konkretem Tun aufzufordern oder aktive Unterstützung bei der Umsetzung von Neuem anbieten → „Zum Handeln, zum Denken oder zum Überdenken auffordern" ■ Ausblick auf die Zukunft ■ Dank für die Aufmerksamkeit ■ Evtl. Kontaktinformationen ■ Aufforderung zu Fragen/Diskussion ■ **Beachte**: Der erste Eindruck entscheidet über Sympathie und Vertrauen, aber der letzte Eindruck bleibt im Gedächtnis! **Schluss-Einleitungen könnten lauten:** ■ Was bedeutet das alles für uns? … ■ Ich fasse zusammen: … ■ Was bringt uns das? … ■ Unser Ziel ist es …

Ziele des Schlussteils:

- Kernaussagen im Gedächtnis verankern
- Überzeugen, Meinung beeinflussen, neugierig machen, motivieren, Diskussion anregen
- Guten Eindruck bzw. positives Gefühl bei den Zuhörern hinterlassen

Hinweis:

Der Schlussteil sollte 2/10tel der Zeit nicht überschreiten.

BEACHTE

- Versuchen Sie, möglichst frei zu sprechen. Vorgelesene Texte gehen am Zielpublikum vorbei.
- Achten Sie auch auf Blickkontakt und Interaktion mit dem Publikum.

Welche Fehler können dem Präsentator unterlaufen? ?

- Der Präsentator legt sofort mit dem Thema los. Er stellt keinen sachlichen und persönlichen Bezug zum Thema her.
- Nervosität und Lampenfieber
- Versagen der Stimme, zu leise, sich versprechen, zu schnelles Reden, Blickkontakt verlieren
- Blackout
- Der rote Faden geht verloren
- Zu viele Folien, zu viele Fakten in zu kurzer Zeit
- Falsche Zeitplanung
- Falsche inhaltliche Schwerpunktsetzung
- Unzureichende Vorbereitung
- Ablesen der Präsentation, keine freie Rede
- Überfrachtete Folien, ausufernde technische Spielereien wie Animationen
- Nichteinhaltung des Zeitplans
- Falscher Zeitpunkt der Präsentation
- Falsche Adressatenanalyse
- Der Präsentator fasst am Ende der Präsentation nicht die wichtigsten Punkte zusammen

? Mit welchen möglichen Störungen muss der Präsentator rechnen?

Im Verlauf der Präsentation können Probleme und Störungen allgemein auftreten durch

- negative Reaktionen der Teilnehmer
- technische Pannen/Fehler
- Nichteinhaltung des Zeitplans
- Störungen durch die Teilnehmer

Mögliche Störungen durch die Teilnehmer aufgrund von

- unpünktlichem Erscheinen
- Klingeln von Mobiltelefonen
- Zwischenfragen und Einwänden
- Privatgesprächen/Nebengesprächen
- Killerphrasen, unsachlichen Beiträgen
- Teilnehmer können den Inhalten nicht mehr folgen
- Ablenkung durch das Blättern in den Handouts/im Begleitmaterial

? Wie können Störungen vermieden werden?

Störungen können vermieden werden durch ...

- gute Vorbereitung in fachlicher, organisatorischer und inhaltlicher Sicht,
- das pünktliche Erscheinen, sowohl der Teilnehmer als auch des Präsentators,
- das Ausschalten der Mobiltelefone und das Unterbinden von Privatgesprächen/Nebengesprächen,
- klare Vereinbarungen mit den Teilnehmern zu Beginn der Präsentation,
- das nicht Gestatten von Zwischenfragen und Einwänden sowie die Ankündigung im Vorfeld, dass die Möglichkeit für Fragen erst am Ende der Präsentation besteht,
- das Beachten von Pausenregelungen,
- eine verständliche und interessante Präsentation,
- eine freie und fehlerfreie Präsentation,
- einen gelungenen Medieneinsatz und
- eine positive Körpersprache des Präsentators.

Hinweis:

Untersuchungen haben festgestellt, dass 55% der Wirkung einer Präsentation von Haltung, Gestik und Blickkontakt des Referenten abhängen.

3.4 Nachbereitung einer Präsentation

Die Präsentation endet nicht mit dem Verlassen des Raumes, sondern mit der systematischen Nachbereitung. Jetzt besteht die Chance für den Präsentierenden zurückzuschauen und aus konkreten Erlebnissen zu lernen und die eigene Präsentationstechnik sowie das Präsentationsverhalten zu verbessern.

Nach der Präsentation sollte der Präsentator für sich die folgenden Fragen klären:

- Ist die Zielsetzung erreicht worden? Wenn nicht, warum nicht?
- Entsprach die Aufbereitung des Themas der Zielgruppe?
- Hat die inhaltliche Vorbereitung die Erwartungen der Teilnehmer und die eigenen Erwartungen des Präsentators erfüllt?
- Hat sich der Ablauf bewährt? Wenn nicht, warum nicht und in welchen Punkten müsste er abgeändert werden? Ist die Einleitung gelungen? Gab es im Hauptteil kritische Situationen? Ist der Abschluss gelungen? Gibt es etwas zu verbessern? Was kann bei zukünftigen Präsentationen wirksamer gestaltet werden?
- Ist der Einsatz der Medien gelungen? Und wurden die Medien für die inhaltliche Darstellung richtig gewählt?
- War die Organisation der Präsentation gut? Konnte der Präsentator alle organisatorischen Schritte zum richtigen Zeitpunkt abschließen? Wurde der Zeitplan eingehalten?
- Wurden die Pausen eingehalten? Waren diese zu kurz oder zu lang?
- Wurde der Raum richtig gewählt? War die Bestuhlung in Ordnung?
- Wurde das Begleitmaterial von den Teilnehmern positiv angenommen? War das Handout verständlich?
- Wie war der Kontakt des Präsentators zu den Teilnehmern? Hätte der Kontakt besser sein können?
    - → War der Blickkontakt ausreichend?
    - → Hat der Präsentator laut und deutlich gesprochen?
    - → Wurden die Teilnehmer aktiv einbezogen?
- Wie ist die anschließende Diskussion verlaufen?
- Welche Aktionen müssen nach der Präsentation vom Präsentator ausgelöst werden?
    - → Wer macht was, wie bis wann?
    - → Ist etwas den Teilnehmern nachzureichen, z.B. ein Protokoll?
- Was ist dem Präsentator besonderes aufgefallen, das er künftig ändern möchte?
    - → Was kann zukünftig weggelassen werden?
    - → Was muss unbedingt zukünftig anders gemacht bzw. eingefügt werden?

? **Wie kann der Präsentator am Ende der Präsentation erfahren, ob die Teilnehmer seine Kernaussagen verstanden haben?**

Der Präsentator kann ...

- Feedback erbitten
  - → dadurch kann er erkennen, ob Zustimmung oder Ablehnung der Teilnehmer überwiegen
- gezielte Fragen (Erkundungsfragen) stellen
- einen Fragebogen über die wichtigsten Sachverhalte ausfüllen lassen
- einen Multiple-Choice-Test ausfüllen lassen
- eine offene Auswertung auf einer Skala/einem Koordinatensystem an einem Flipchart oder einer Tafel durchführen lassen (z.B. mit Klebepunkten)

? **Wie könnte ein Beobachtungs- und Bewertungsbogen aussehen?**

	++	+	o	-	--
1. Inhalt und Struktur					
→ fachlich korrekt					
→ adressatenorientiert und zielgerichtet					
→ verständlich					
→ klar strukturiert, roter Faden					
→ Einleitung und Abschluss gelungen					
→ angemessene Gewichtung und Tiefe der Punkte					
→ glaubwürdig, Präsentator steht hinter seiner Sache					
→ kompetentes Beantworten von Teilnehmerfragen					
2. Sprache					
→ deutlich					
→ verständlich in Satzbau und Wortwahl, angemessene Fachsprache					
→ passende Lautstärke, ausgeglichenes Sprechtempo, gute Pausentechnik					
→ freie Rede					
→ Humor, Anekdoten, Beispiele					
→ Variationen in der Betonung					

	++	+	o	-	- -
3. Körpersprache					
→ angemessener Blickkontakt, jeder fühlt sich angesprochen					
→ offen und freundliche Haltung					
→ Gestik und Haltung unterstreicht die Aussage					
→ sicheres Auftreten					
→ wendet sich an die Zuhörer					
4. Visualisierung und Medien					
→ aussagekräftige Visualisierung wie Schaubilder, Tabellen etc.					
→ übersichtlich					
→ richtiger Zeitpunkt des Medieneinsatzes					
→ moderne Technik					
5. Handout					
6. Gesamteindruck					
7. Besondere Anmerkungen					

Über welche Aspekte gibt das Teilnehmerfeedback Antwort? ?

Das Teilnehmerfeedback gibt Antwort auf folgende Fragen:

- Was wurde gut oder schlecht vorbereitet?
- Was wurde gut oder schlecht präsentiert?
- Was sollte verbessert oder ausgebaut werden?
- Wie ist die Zufriedenheit mit dem Medieneinsatz?
- Was könnte beim nächsten Mal weggelassen werden?
- Welche Ziele wurden erreicht?
- Wie sind die Inhalte angekommen?

Die Nachbereitung auf Basis des Teilnehmerfeedbacks ergibt sehr gute Anregungen und Verbesserungsvorschläge für kommende Präsentationen.

4

Erstellen von technischen Unterlagen, Entwürfen, Statistiken, Tabellen und Diagrammen

Strukturierung der schriftlichen Prüfung	15%

4.1 Technische Unterlagen

DEFINITION TECHNISCHE UNTERLAGEN

Unter technischen Unterlagen versteht man alle Dokumente, die ein technisches Erzeugnis beschreiben. Sie dienen der Information und Instruktion definierter Zielgruppen bzw. Nutzer.

Zu den technischen Unterlagen zählen technische Zeichnungen, Anleitungen, Stücklisten, Normen, VDI-Richtlinien, Normteilkataloge, Ersatzteilkataloge für Kundendienst und Servicestellen etc.

4.1.1 Berichte, Unterlagen bzw. Dokumentationen

? **Welche Anforderungen werden an Unterlagen gestellt?**

Verständlichkeit	Unterlagen sind für den (sachkundigen) Nutzer verständlich, wenn dieser den Inhalt des Dokumentes unter Berücksichtigung seines Zwecks verstehen kann. Zur besseren Verständlichkeit erhalten die Unterlagen oft sprachunabhängige Symbole, Piktogramme und Illustrationen.
Genauigkeit/ Widerspruchsfreiheit	Unterlagen müssen in einer präzisen und eindeutigen Sprache verfasst sein, um den gewünschten Gebrauch sicherzustellen. Unterlagen dürfen keine sich entgegenstehenden Aussagen enthalten.
Übersichtlichkeit	Die Unterlagen müssen übersichtlich gestaltet sein, sodass der Nutzer die gewünschten Informationen leicht finden kann.
Vollständigkeit	Die Unterlagen müssen alle wesentlichen Inhalte/Informationen detailliert erfassen, sowie in den entsprechenden Sprachen übersetzt sein.
Aktualität	Die Inhalte von Unterlagen müssen aktuell sein. Sie müssen den technischen und rechtlichen Anforderungen entsprechen. Bei Änderungen müssen die Unterlagen aktualisiert werden.

BEACHTE

EU-Normen, Produkthaftung und CE-Zertifizierungen verpflichten Unternehmen oftmals, sicherheitsgerechte Dokumentationen als Bestandteil des Produktes mitzuliefern.

Welchen Zweck hat die technische Dokumentation? ?

Die technische Dokumentation dient ...

- der Information und Instruktion definierter Zielgruppen/Nutzer
- der haftungsrechtlichen Absicherung des Herstellers
- der Produktbeobachtung während der einzelnen Produktlebensphasen
- der Rückverfolgbarkeit und der Reproduzierbarkeit
- der gesetzlich geforderten Archivierung der relevanten Informationsinhalte

Welche Arten der technischen Dokumentation werden unterschieden? ?

Bei der „Technischen Dokumentation" wird zwischen interner und externer technischer Dokumentation unterschieden.

Interne (technische) Dokumentation	Externe (technische) Dokumentation
Herstellerinterne Informationen, die in der Regel nicht veröffentlicht werden.	Produktbegleitende Kundeninformationen, welche zusammen mit dem Produkt an den Kunden geliefert werden.
Zielgruppe: Mitarbeiter des Herstellers	**Zielgruppe:** Kunden des Herstellers
Die interne technische Dokumentation dient ■ der Information der Mitarbeiter des Herstellers, z.B. Dokumentation für das Marketing, für Techniker und Servicepersonal etc., ■ der internen Archivierung aller produktrelevanten Dokumente und ■ der Nachweispflicht, alle rechtlichen Grundlagen eingehalten zu haben. **Hinweis:** Die interne technische Dokumentation umfasst den gesamten Produktlebenszyklus von der Produktplanung über Entwicklung, Markteinführung und Produktbeobachtung bis zur Einstellung des Produkts.	**Die externe technische Dokumentation dient** ■ der Information der Benutzer des Produkts und ■ der Sicherstellung, dass der Nutzer sicher mit dem Produkt umgehen sowie es bestimmungsgemäß in Betrieb nehmen und verwenden kann.

Interne (technische) Dokumentation	Externe (technische) Dokumentation
Folgende Dokumente können zur internen Dokumentation gehören: Pflichtenhefte, Berechnungsunterlagen, Versuchsberichte, Risikobeurteilungen, Konstruktionszeichnungen, Fertigungsunterlagen, Nachweise über Maßnahmen der Qualitätssicherung, Nachweise über die gesamte externe technische Dokumentation des Produkts, Datenblätter, Checklisten etc.	**Folgende Dokumente können zur externen Dokumentation gehören:** Installationsanleitungen, Montageanleitungen, Bedienungsanleitungen, Reparaturanleitungen, Wartungsanleitungen, Benutzerhandbücher, Gebrauchsanweisungen, Sicherheitshinweise, Hinweise zu Recycling bzw. Entsorgung, Kontaktdaten des Herstellers und der Servicepartner etc.

Hinweis:

Ein wichtiger Teil der internen und externen Dokumentation sind Anleitungen.

DEFINITION ANLEITUNG

Unter einer Anleitung versteht man nützliche Informationen und Hinweise zur Erledigung einer Arbeit bzw. Aufgabe. Zudem werden in Anleitungen technische Zusammenhänge verständlich und zielgruppengerecht dokumentiert.

? **Welche Anleitungen werden unterschieden?**

Bedienungsanleitungen	Unter Bedienungsanleitungen versteht man eine Sammlung von Informationen für Benutzer zum sicheren und bestimmungsgemäßen Umgang mit einem Produkt. Bedienungsanleitungen werden auch Gebrauchsanleitungen, Gebrauchsanweisungen oder Betriebsanleitungen genannt. **Bedienungsanleitungen enthalten u.a.:** ■ die Beschreibung zur Bedienung des Betriebsmittels ■ Anleitungen zum Auffinden und Beseitigen von Störungen ■ Wartungsmaßnahmen und Wartungszyklen ■ Überwachungs- und Sicherheitsmaßnahmen

Montage-anleitungen	Eine Montageanleitung ist ein Hilfsmittel für die Montage vorgefertigter Teile. **Montageanleitungen enthalten u.a.:** ■ Anweisungen zur Durchführung der Montage, d.h. der Montageablauf wird schrittweise beschrieben ■ Beschreibung der erforderlichen Werkzeuge, Hilfsmittel und Hilfsvorrichtungen
Reparatur-anleitungen	Reparaturanleitungen enthalten alle notwendigen Hinweise zur eigenständigen Fehlerbehebung bzw. Reparatur. **Reparaturanleitungen enthalten u.a.:** ■ Anleitungen zur Fehlerbehebung bzw. Reparatur ■ Hinweise auf Störungsquellen und -behebung ■ Hilfen zur Diagnose ■ Anleitungen zur Demontage und Montage ■ Zeichnungen und Skizzen
Wartungs-anleitungen	Wartungsanleitungen beschreiben die in regelmäßigen zeitlichen Abständen durchzuführenden Wartungsarbeiten an Maschinen und die zugehörigen Maßnahmen. Meist grafisch dargestellt z.B. in Form einer Skizze. **Wartungsanleitungen enthalten u.a.:** ■ Wartungsmaßnahmen, Wartungsintervalle und Hinweise ■ Schmierplan (= Angabe der Schmierwechselhäufigkeit), Füllmengen und Füllstoffe der Schmierstoffe, die zu verwendenden Schmierstoffe ■ Hilfen zur Diagnose ■ Anleitungen zur Demontage und Montage ■ Zeichnungen und Skizzen ■ Hinweise

Was versteht man unter einer Stückliste? ?

DEFINITION STÜCKLISTE

Eine Stückliste beschreibt, meist in tabellarischer Form, die Zusammensetzung eines Erzeugnisses/ einer Baugruppe aus seinen Einzelteilen.

Es stellt also ein Verzeichnis/eine Aufstellung aller Materialien, Teile und Baugruppen eines Erzeugnisses dar, die für die Herstellung des Produktes benötigt werden.

→ Die Stückliste ist ein organisatorisches Hilfsmittel der Materialwirtschaft und Produktionswirtschaft.

? Aus welchen Bestandteilen setzt sich die Stückliste zusammen?

Die Stückliste enthält drei Bestandteile:

1. Erzeugnis/Baugruppe
2. Komponenten
3. Mengenangabe

? Welche Stücklisten werden unterschieden?

Unterscheidung nach dem Aufbau der Stücklisten:

Mengenstücklisten

Die Mengenstückliste listet alle Bestandteile eines Erzeugnisses auf und zwar mit der Menge, die benötigt wird, um eine Einheit dieses Erzeugnisses herzustellen.

Sie zeigt also die **kumulierten Materialbedarfe** über alle Fertigungsstufen auf. Die Fertigungsstufen sind dabei nicht erkennbar.

→ Tabelle mit Menge, Einheit, Benennung, Position, evtl. Bestellnummer, Preise - jedoch ohne Beziehungsstruktur

→ einfachste Form einer Stückliste

Durch Multiplikation der benötigten Mengen mit der zu fertigenden Menge des Produktes ergibt sich die sogenannte Auftragsstückliste.

Beispiel Mengenstückliste:

Mengenstückliste für Erzeugnis E1

Lfd. Nr.	Bezeichnung	Menge	Einheit
1	T 1	10	St
2	T 2	6	St
3	T 3	8	St
4	T 5	30	kg
5	T 8	2	St
6	T 9	1	St

Strukturstücklisten

Die Strukturstückliste zeigt alle Fertigungsstufen und deren Abhängigkeiten und dokumentiert alle Materialbedarfe des Erzeugnisses.

Hier kann man also ablesen, welche Teile wozu gehören.

Sie listet die **Zusammensetzung eines Erzeugnisses über alle Fertigungsstufen** in tabellarischer Form auf.

→ Tabelle mit Ebene, Baugruppe bzw. Bauteil, Menge

→ Grafische Darstellung der Beziehungsstruktur

Beachte:

Die unterschiedlichen Ebenen sollten zur visuellen Übersicht entsprechend eingerückt werden.

Beispiel Strukturstückliste:

Strukturstückliste Erzeugnis E1

Lfd. Nr.	Ebene					Menge	Einheit
	1	2	3	4	5		
1	E 1					1	St
2		G 1				1	St
3			G 5			2	St
4				T 1		2	St
5				T 5		10	kg
6			G 3			1	St
7				T 2		6	St
8				T 3		8	St
9		T 9				1	St
		G 2				2	St
			T 1			3	St
			T 5			5	kg
			T 8			1	St

Baukastenstücklisten

Baukastenstücklisten betrachten jeweils nur eine Ebene der Produktstruktur/einer Fertigungsstufe. Sie sind **unabhängige Stücklisten für Baugruppen**.

→ Tabelle je Ebene mit Menge, Einheit, Benennung, Position, evtl. Bestellnummer, Preise

Beispiel Baukastenstückliste:

Baukastenstückliste Erzeugnis E 1

Erzeugnis E 1

Lfd. Nr.	Bezeichnung	Menge	Einheit
1	G 1	1	St
2	T 9	1	St
3	G 2	2	St

Baugruppe G 1

Lfd. Nr.	Bezeichnung	Menge	Einheit
1	G 5	2	St
2	G 3	1	St

Baugruppe G 2

Lfd. Nr.	Bezeichnung	Menge	Einheit
1	T 1	3	St
2	T 5	5	kg
3	T 8	1	St

Baugruppe G 5

Lfd. Nr.	Bezeichnung	Menge	Einheit
1	T 1	2	St
2	T 5	10	kg

Baugruppe G 3

Lfd. Nr.	Bezeichnung	Menge	Einheit
1	T 2	6	St
2	T 3	8	St

Unterscheidung nach der Anwendung der Stückliste im Betrieb (= Arbeitsstücklisten):

Konstruktionsstück-listen	Die Konstruktionsstückliste entsteht auf Basis der Funktionserfüllung/Funktionsrealisierung. Sie ist in der Regel auftragsneutral und nach rein funktionaler Sicht gegliedert, z.B. mechanische, elektrische und pneumatische Komponenten. **Beachte:** Die Konstruktionsstückliste wird zur Fertigungsstückliste umgewandelt.
Fertigungsstück-listen	Die Fertigungsstückliste ist für die Fertigung bestimmt und kann aus der Konstruktionsstückliste durch Erweiterung um zusätzliche Daten wie Auftragsdaten erstellt werden. Die Fertigungsstückliste enthält die Eigenleistungen der zu fertigenden Teile. Sie sortiert nach Reihenfolge der Bearbeitung, mit Fertigungshinweisen, Prüfplänen etc. und hängt von den Fertigungs- und Montagezuständen ab. Sie besitzt einen auftragsabhängigen Charakter.
Einkaufsstücklisten	Die Einkaufsstücklisten enthalten nur Fremdbezugsteile mit Bestellinformationen, d.h., sie listet auf, welche Teile fremd beschafft werden müssen.
Terminstücklisten	Die Terminstücklisten zeigen auf, zu welchem Termin welche Gegenstände beschafft werden müssen.
Dispositionsstück-listen	Die Dispositionsstücklisten sortieren nach Fremdbezug und Eigenfertigung. Sie enthalten Bestellinformationen.
Kalkulationsstück-listen	Die Kalkulationsstücklisten enthalten nur die zu kalkulierenden Materialien, Durchschnittspreise etc.

4.1.2 Skizzen und Entwürfe

DEFINITION SKIZZE

Unter einer Skizze versteht man den Versuch der Darstellung einer Idee in Form einer einfachen, maßstabsungenauen, mit wenigen Strichen (meist freihändig) erstellten Zeichnung oder eines kurzen Textes, der sich auf das Wesentliche beschränkt und es nicht weiter ausarbeitet. Also, ein erster Überblick.

DEFINITION ENTWURF

Unter einem Entwurf versteht man eine vorläufige geistige oder schöpferische Fassung eines Textes, einer Zeichnung, einer Grafik oder eines Modells, über deren endgültige Ausführung noch nicht entschieden wurde, bzw. als Vorbereitung oder als Grundlage eines später daraus zu entwickelnden Gegenstandes.

DEFINITION TECHNISCHE ZEICHNUNG

Unter einer technischen Zeichnung versteht man nach DIN 199 „eine Zeichnung in der für technische Zwecke erforderlichen Art und Vollständigkeit, z.B. durch Einhaltung von Darstellungsregeln und Maßeintragungen."

Eine Technische Zeichnung beinhaltet, in grafischer und schriftlicher Form, alle notwendigen Informationen für die Herstellung und die Beschreibung der geforderten Funktionen und Eigenschaften eines Einzelteils, einer Baugruppe oder eines kompletten Produkts.

? Welche Arten von technischen Zeichnungen werden unterschieden?

Hauptzeichnungen	Darstellung des Erzeugnisses in seiner obersten Strukturstufe. Darstellung des Zusammenbaus des Produktes, das aus mehreren Teilen und Baugruppen besteht. In der Hauptzeichnung werden meist nur einige Hauptmaße eingetragen und Angaben für den Zusammenbau und die Wirkungsweise gemacht.
Gruppenzeichnungen	Maßstabsgetreue Darstellung der räumlichen Lage und der Form der zu einer Gruppe zusammengefassten Teile. Eine Gruppenzeichnung wird dann hergestellt, wenn das komplexe Produkt aus deutlich abgegrenzten Baugruppen besteht und es Schwierigkeiten bereitet, die gesamte Darstellung mit ihren vielen Einzelteilen auf einem Zeichnungsträger unterzubringen. Sie erhält lediglich Haupt– und Anschlussmaße der Baugruppe, Positionsnummern und Stückliste (Menge, Einheit, Benennung).
Einzelteilzeichnungen	Darstellungen eines Einzelteils ohne räumliche Zuordnung zu anderen Teilen. Sie sollen Aufschluss über Gestalt, Maße (einschließlich Toleranzen), Oberflächenbeschaffenheit und Werkstoff der Teile geben.
Variantenzeichnungen	Zeichnung von Gegenständen, die von einem anderen, ähnlichen Gegenstand in bestimmten Maßen abweicht.
Konstruktionszeichnungen	Darstellung eines Gegenstandes im vorgesehenen Endzustand.
Zusammenstellungs-zeichnungen	Darstellung der Größenverhältnisse, der Lage und des Zusammenwirkens der verschiedenen Teile.
Explosionszeichnungen	Darstellung eines komplexen Gegenstandes, der in seine Einzelteile zerlegt ist. Die dargestellten Einzelteile oder Bauteile sind räumlich voneinander getrennt, d.h. so, als flögen sie nach einer Explosion auseinander.
Rohteilzeichnungen	Darstellung der Gestalt, Maße und Werkstoffe der unbearbeiteten Guss-, Press- oder Schmiedestücke.

4.1.3 CAD-Programme zur Erstellung technischer Zeichnungen

DEFINITION CAD

= Computer Aided Design (engl).
= rechnerunterstütztes Zeichnen, rechnerunterstützte Konstruktion

CAD bezeichnet die Unterstützung von konstruktiven Aufgaben mittels EDV zur Herstellung eines Produkts.

Technische Zeichnungen werden heute meist als CAD-Modell erstellt und oft als Datei an die Produktion, an Lieferanten oder Kunden weitergegeben. Gegenüber herkömmlichen Konstruktionsweisen können die Unternehmen mit den CAD-Programmen eine höhere Effizienz und bessere Qualität erreichen.

Hinweis:

Ursprünglich bezeichnete CAD die Verwendung eines Computers als Hilfsmittel beim technischen Zeichnen. Inzwischen werden allerdings technische Objekte mit Computerhilfe nicht mehr nur gezeichnet, sondern als virtuelle (drei-) dimensionale Körper behandelt.

Die modernen 3D-Systeme ermöglichen das Generieren eines dreidimensionalen Objektes, welches anschließend in zweidimensionalen Ansichten projiziert und in diesen weiter bearbeitet werden kann.

Welche grundlegenden Anforderungen werden an ein CAD-System gestellt? ?

- Datenaustausch im eigenen Unternehmen, mit Lieferanten und Abnehmern
  Die CAD-Daten müssen mit den Unternehmenspartnern sowie im eigenen Unternehmen ohne Datenverluste und Fehler in standardisierten Formaten austauschbar sein.
- Parametrisierbarkeit der konstruierten Teile,
  d.h. ein ähnliches Teil mit unterschiedlichen Parametern muss aus dem aktuellen CAD-(Grund-)Modell abgeleitet werden können. Damit kann ein Teil durch die Angabe von Parametern in mehreren Varianten konstruiert werden.
- Arbeiten in 2D und 3D
  Die Darstellung eines Objektes soll in 2D und 3D möglich sein. Bei Änderungen sollte automatisch aktualisiert werden.

? Welche Vor- und Nachteile bieten CAD-Systeme?

Mögliche Vorteile von CAD-Systemen	Mögliche Nachteile von CAD-Systemen
■ Hohe Flexibilität ■ Höhere Effizienz ■ Produktivitätssteigerung ■ Kosteneinsparungen durch schnellere Zeichnungserstellung ■ Qualitätssteigerung ■ Vereinfachung von Routinearbeiten ■ Hohe Genauigkeit der Abmessungen, exakte Konstruktionen ■ Leichte und schnelle Korrekturen von Fehlern, sowie Einarbeitung von Änderungen und Anpassung an geänderte Ansprüche ■ 2D oder 3D-Sicht jeder beliebigen räumlichen Abbildung möglich ■ Ermöglicht schnelle technische Berechnungen ■ Weiterverwendung in der Fertigung möglich ■ Fertigungsmaschinen für technische Objekte können direkt vom Computer aus angesteuert werden ■ Unabhängigkeit vom Standort ■ Wieder– und Weiterverwertbarkeit bestehender Bauteile und Baugruppen z.B. in anderen Aufträgen	■ Hohe Investitionskosten pro Arbeitsplatz ■ Hohe Qualifikation der Bediener ■ Hohe Betriebs- und Wartungskosten ■ Erneuerungsrate Hard– und Software ■ Freisetzung von Arbeitskräften

? Welche Möglichkeiten der Datenausgabe bestehen aus einem CAD-Programm?

- Die Daten eines CAD-Programms können als Konstruktionszeichnung verwendet werden.
- Mit CAD-Programmen können Stücklisten erstellt werden.
  Diese Stücklisten können hierbei in der Konstruktion, zur Bestellung von zugelieferten Teilen oder in der Kalkulation weiterverwendet werden.
- Daten können aus einem CAD-Programm zur Bearbeitung auf CAD-Maschinen exportiert werden, zur Erstellung eines voll-oder halbautomatischen CNC-Programms.
- Schnittstellen
  Daten aus der technischen Anwendungssoftware können sehr einfach mit Daten aus anderen Programmen verknüpft werden.
  Es gibt z.B. Schnittstellen zu Berechnungsprogrammen, Simulationsprogrammen, Tabellenkalkulationen, Datenbanken.

4.1.4 Tabellenbuch, Normen, berufsspezifische Richtlinien

Eine wesentliche Rolle spielen Normen wie DIN-Normen oder ISO.

Für den Industriemeister ist die Fähigkeit, Zeichnungen zu lesen bzw. zu verstehen, eine Schlüsselqualifikation, denn die Verständigung über Verfahren und Erzeugnisse der Technik ist auf eine gemeinsame nationale (DIN-Normen) und internationale (ISO-Normen) Symbolsprache angewiesen.

Die vom Deutschen Institut für Normung e.V. herausgegebenen Normen tragen das Zeichen DIN. DIN ISO ist eine internationale Norm, der das DIN zugestimmt hat.

→ DIN = Deutsches Institut für Normung, Berlin

→ DIN ISO = International Organization for Standardization, Genf

Hinweise:

- DIN-Normen **basieren auf den gesicherten Ergebnissen** von Wissenschaft, Technik und Erfahrung.
  Sie fördern die Rationalisierung und Qualitätssicherung und dienen der Sicherheit von Menschen und Sachen sowie der Qualitätsverbesserung in allen Lebensbereichen (nach DIN 820).
- Normen haben den Charakter von **Empfehlungen mit einer technisch-normativen Wirkung**. Das heißt, dass DIN und DIN ISO keine rechtliche Verbindlichkeit haben, jedoch verhält sich jeder ordnungsgemäß, der sich nach ihnen richtet.
- Nach DIN/DIN ISO müssen technische Zeichnungen
  → vollständig und **eindeutig** sein sowie
  → nach verbindlichen Regeln angefertigt werden.

Welche Zeichnungsnormen und Zeichnungsrichtlinien müssen beachtet werden? ?

Quellen	■ DIN-Normen ■ ISO-Normen ■ VDI-Richtlinien ■ Berufsgenossenschaftliche Vorschriften BGV ■ VDMA-Einheitsblätter ■ VDE-Bestimmungen ■ RAL-Vereinbarungen

Maßstab	Der Maßstab gibt das Verhältnis zwischen dargestellter Zeichnungsgröße zur wahren Originalgröße an. Dieser Maßstab wird immer in der Form „Zeichnungseinheit : Entsprechung in der Wirklichkeit" angegeben. Technische Zeichnungen sind gemäß ISO 5455 nur in folgenden bestimmten Maßstäben zulässig: ■ Natürlicher Maßstab: 1:1 ■ Verkleinerungsmaßstäbe: 1:2; 1:5; 1:10 ... sowie Vielfache davon ■ Vergrößerungsmaßstäbe: 2:1; 5:1; 10:1 ... sowie Vielfache davon **Beachte:** Andere Maßstäbe sind seit 1979 nicht mehr zulässig.
Darstellung	Bei Werkstücken werden nur so viele Seiten dargestellt, wie zum eindeutigen Erkennen des Werkstücks nötig sind. 1. Darstellung nach der **Ansicht** wie Vorderansicht, Draufsicht, Seitenansicht von links, Seitenansicht von rechts, Unteransicht, Rückansicht 2. Darstellung nach dem **Schnitt** ■ Vollschnitt Bei symmetrischen Werkstücken wird das Werkstück in Richtung der Längsachse oder senkrecht zur Längsachse geschnitten und das hintere Stück wird dann gezeichnet. ■ Halbschnitt Bei symmetrischen Werkstücken wird das Werkstück zur Hälfte in der Ansicht und zur Hälfte im Schnitt dargestellt, um innen und außen das Wesentliche zu zeigen. ■ Teilschnitt Wenn Werkstücke nicht im Schnitt dargestellt werden dürfen, werden Teilschnitte angewendet. 3. Darstellung nach der **Projektion** Unter Projektion versteht man die Ansichten des Körpers in der Zeichenebene, wie Normalprojektion, axonometrische Projektion (= parallele Linien), Fluchtpunktperspektive, Explosionsdarstellung
Linienart	Die Linienarten einer technischen Zeichnung sind in der DIN 15 dargestellt. ISO 128 definiert deren genaue Bezeichnung, deren Verwendung und deren Bedeutung. Fehler in der Liniendarstellung können zur Fehlinterpretation führen und den Produktionsprozess erheblich stören. **Folgendes ist festgelegt:** ■ Die Benennung, die Form und die Anwendung, ■ die Linienbreite, evtl. Linienlängen und Linienzwischenräume und ■ die Zugehörigkeit zu Liniengruppen.

Folgende Linienarten sind zu unterscheiden:

- Breite Volllinie
  definiert sichtbare Körperkanten und Umrisse
- Schmale Volllinien
  Anwendung bei Lichtkanten, Maß- und Maßhilfslinien, Schraffuren, Gewindedurchmesser, Biegekante, Umrahmung von Prüfmaßen etc.
- Strichlinien
  kennzeichnen nicht sichtbare, verdeckte Körperkanten und Umrisse
- Freihandlinien
  Anwendung bei der Begrenzung unterbrochener Werkstücke (Bruchlinie), bei Bruchkanten bei der verkürzten Darstellung langer Bauteile und bei Schnitten, die im weiteren Text beschrieben werden
- Strichpunktlinien
  Anwendung bei Symmetrieachsen, Mittellinien, Teilkreisen von Verzahnungen, Lochkreisen, usw.

Hinweis:

Die Breite der Linienarten ist in Abhängigkeit von Art und Größe des Werkstückes zu wählen, welches gezeichnet werden soll.

Maßlinien

- Die Maßlinien werden zur Angabe von Maßen verwendet. Sie werden in schmaler Volllinie ausgeführt.
  Sie sollen etwa 10 mm entfernt von der Körperkante liegen; parallele Maßlinien sollen etwa 7 mm Abstand voneinander haben. Maßlinien werden im Allgemeinen rechtwinklig zwischen die Körperkanten oder parallel zur anzugebenden Abmessung angeordnet.
- Maßhilfslinien werden verwendet, um die Werkstückmaße aus der Darstellung herauszuziehen.
  Sie gehen 1-2 mm über die Maßlinien hinaus. Maßhilfslinien sollen sich mit anderen Linien und untereinander möglichst nicht schneiden.
- Bei der Maßlinienbegrenzung werden an den Enden der Maßlinie Maßpfeile oder aber z.B. ein ausgefüllter Punkt oder Schrägstrich verwendet.
- Die Maßzahlen dürfen durch Linien nicht getrennt oder gekreuzt werden und dürfen nicht auf Kanten oder auf Schnittpunkten von Linien stehen.
  Maßzahlen sollen nicht kleiner als 3,5 mm sein.
  Gleiche Größe ist innerhalb einer Darstellung anzustreben.

4.2 Statistiken und Tabellen

DEFINITION STATISTIK

Unter Statistik versteht man Methoden zur Gewinnung, Beschreibung, Umgang und Analyse von quantitativen, empirischen Daten/Informationen.

Sie verbindet systematisch Empirie (Erfahrung) und Theorie.

? Welchen Zweck haben Statistiken?

Die Statistik ...

- dient der Entscheidungsvorbereitung und Erkenntnisfindung, indem sie Vorhersagen zukünftiger Ereignisse auf Basis aktueller Gegebenheiten macht.
- stellt kompakt die gewonnenen Daten dar.
- bestätigt oder widerlegt eine Hypothese.

? Welche Arten der Statistik werden unterschieden?

Im Wesentlichen wird die Statistik in zwei Hauptgebiete unterteilt, und zwar

1. in die beschreibende (= deskriptive) und
2. in die analytische Statistik.

- Beschreibende (= deskriptive) Statistik:
  Aufgabe der beschreibenden Statistik ist es, umfangreiche empirische Daten durch Tabellen, Kennzahlen und Grafiken übersichtlich darzustellen und zu ordnen.

  Ein Teilgebiet der beschreibenden Statistik ist die Betriebsstatistik, die sich in verschiedene Bereiche aufteilt, wie Beschaffung, Absatz, Personal, Finanzen, Investitionen, Leistungserstellung, Produktion.

  Bsp. Anwendungsbereiche:

Personal:	Krankheitstage, Ausfallzeiten, Fluktuation, Auslastung
Absatz:	Bestellungen, Angebote, Nachfrage, Reklamationen
Produktion:	Mengen, Stückzahlen, Qualitätswerte, Arbeitszeiterfassung

- **Analytische Statistik**:
  Aufgabe der analytischen Statistik ist es, Rückschlüsse aus Beobachtungsdaten und aus Zahlenmaterial zu ziehen und damit auf allgemeine Gesetzmäßigkeiten und Trends zu schließen.

  Die analytische Statistik basiert auf der Wahrscheinlichkeitsrechnung (= Stochastik).

  Bsp. Anwendungsbereiche:

  Stichprobenverfahren, d.h., Untersuchen von Grundgesamtheiten durch Stichproben,
  Rückschlüsse ableiten aus dem Zahlenmaterial (Trend, Regeln etc.),
  Bereich der Qualitätskontrolle (Maschinenfähigkeit, Prozessfähigkeit)

In welchen Schritten geht man bei statistischen Fragestellungen vor? ?

Vorgehen bei statistischen Fragestellungen

1. Analyse der Ausgangssituation

Um eine statistische Fragestellung fundiert beantworten zu können, bedarf es zunächst einer Analyse der Ausgangssituation.

2. Erfassen des Zahlenmaterials

Das Zahlenmaterial kann gewonnen werden durch ...

- Befragungen
- Beobachtungen
- Experimente

Datenerhebung kann durch Vollerhebung, Teilerhebung (Stichprobe), primär oder sekundär statistisch erfolgen.

3. Aufbereiten der Daten und Fakten

Aufbereitung der Daten und Fakten durch Gruppierung nach Merkmalsausprägungen bzw. Ordnungskriterien,

wie Alter, Beruf, Betriebszugehörigkeit, Region, Nominal-, Kardinal- oder Ordinalskala, Geordnete Reihen, Klassenbildung etc.

4. Auswerten

Analyse des Zahlenmaterials nach methodischen Gesichtspunkten und Präsentation der Ergebnisse.

4.2.1 Anwendungsgebiete der Tabellen

DEFINITION TABELLE

Unter einer Tabelle versteht man eine geordnete, übersichtliche und logische Zusammenstellung von Daten, die in Zeilen (→ waagerecht) und Spalten (→ senkrecht) gegliedert werden.

Zwischen dem Inhalt einer Zelle und Zeile bzw. Spalte, in der er sich befindet, besteht meist ein semantischer Zusammenhang.

? **Wie ist eine Tabelle aufgebaut?**

Eine Tabelle soll aus folgenden 4 Bestandteilen bestehen:

1. **Überschrift, Titel bzw. Kopfzeile**
   Kopfzeile wird die erste Zeile einer Tabelle genannt.
2. **Tabellenkopf bzw. Spaltenköpfe**
   Im Tabellenkopf steht, welcher Wert in der jeweiligen Spalte tabelliert wird. Er stellt somit die Erläuterung der Spalte dar.
   Die Spalten können allerdings noch weiter untergliedert werden z.B. in Hauptspalte, Unterspalte etc.
3. **Vorspalte**
   Die linke Spalte wird Vorspalte genannt.
4. **Tabellenfeld**
   Tabellenfelder sind die Schnittpunkte von Zeilen und Spalten. Diese werden auch (in MS Word) Zellen genannt.

Weiteres Wissenswertes zur Tabelle:

- Den Verweis auf ein Feld nennt man Adresse, Adressierung oder Referenz. Jede Zelle kann über ihre Zell-Adresse exakt angesprochen werden. Dabei wird zuerst die Spalten-, dann die Zeilenbezeichnung genannt. Die Zell-Zeilen werden durch Zahlen, die Zell-Spalten durch Buchstaben gekennzeichnet.
- Bevor man eine Tabelle erstellt, sollte man sich zuvor überlegen, wie viele Spalten maximal benötigt werden.
- Je nach Einsatzzweck der Tabelle festlegen, ob die Rahmenlinien der Tabelle vollständig, gar nicht oder teilweise sichtbar sein sollen. Wenn eine Tabelle als Gestaltungselement für Text und Grafik verwendet werden soll, dann ist es evtl. sinnvoll die Rahmenlinien auszuschalten.
- Eine Tabellenzeile wird auch als „Datensatz" bezeichnet.

4.2.2 Anwendungsbeispiele

Mit welchen Tabellenarten arbeiten Industriemeister? ?

Industriemeister arbeiten u.a. mit folgenden Tabellenarten:

- **Tabellenkalkulationsblätter**
  Erstellt durch Tabellenkalkulationsprogramme wie MS Excel.

  Anwendung von Tabellenkalkulationsblättern:

  Geeignet für statistische Auswertungen wie Berechnung von Mittelwerten, Abweichungen, Medianwerten, Zwischensummen etc.

- **Datenbanktabellen**
  Erstellt durch Datenbankprogramme wie MS Access

  Anwendung von Datenbanktabellen:

  Geeignet zur Organisation von Daten,
  wie die Verwaltung von Produktionsdaten, Einkaufsdaten, Lagerdaten, Betriebsdaten etc. in Datenbanken, die in Tabellen angelegt sind.

- **Projektvorgangslisten**
  Die Vorgangsliste ist eine tabellarische Aufzählung von Vorgängen eines Projekts mit Terminen, Aufgabenbeschreibungen, Ist- und Sollwerte der Kostengrößen etc.

- **Normteiltabellen oder Kenngrößentabellen in Tabellenbüchern**

  Ein Normteil ist ein Bauteil der Technik, des Bauwesens, der Elektrik, oder des Maschinenbaus, das in allen Einzelheiten in einer Norm festgelegt und beschrieben ist.

  Anwendung des Tabellenbuches:

  → Bei der Suche von Stahlprofilreihen, Schraubennormen, Kabeln, Rädern, Armaturen, Federn, Dichtungen, Bedienteilen etc.

  → Bei der Berechnung von Abweichungen und Mittelwerten

- **Nomogramme**
  Ein Nomogramm (auch Netztafel genannt) ist ein zweidimensionales Diagramm, an welchem eine mathematische Funktion näherungsweise abgelesen werden kann.
  Es besteht in der Regel aus 2 Skalen für die unabhängigen Variablen sowie aus einer Kurve oder aus einer Gruppe von Kurven zur Darstellung der unabhängigen Variablen.

4.3 Diagramme

DEFINITION DIAGRAMM

Unter einem Diagramm versteht man eine grafische Darstellung von Größenverhältnissen bzw. Zahlenwerten in anschaulicher, leicht überblickbarer Form.

Diagramme bieten die Möglichkeit, statistisches Zahlenmaterial in grafischer Form darzustellen, um so Entwicklungsverläufe gegenüberzustellen und Bestandsgrößen, Abläufe und Strukturen zu veranschaulichen.

Zur Visualisierung der Daten steht eine Vielzahl von Diagrammtypen zur Verfügung. Wichtig ist die sachgerechte Auswahl des Diagrammtyps.

? **Welche Arten von Diagrammen werden unterschieden?**

- Stabdiagramme wie Säulen- bzw. Balkendiagramm
- Kreisdiagramm
- Linien-/Kurvendiagramm
- Punktdiagramm/Streudiagramm
- Ringdiagramm
- Netzdiagramm
- Flächendiagramm
- Stärken-Schwächen-Diagramm
- Streupunktdiagramm/Korrelationsdiagramm

Hinweis: Erläuterungen zu den einzelnen Diagrammarten siehe "1.6 Interpretation von Diagrammen" auf Seite 68.

Welche Aspekte bzw. Bestandteile sind bei Diagrammen typischerweise zu beachten? ?

Folgende Aspekte sind bei Diagrammen zu beachten:

- Sachgerechte Auswahl des geeigneten Diagrammtyps
- Diagrammtitel
  Jedes Diagramm braucht eine Überschrift und ggf. einen Quellenhinweis
- Geeigneter Maßstab für die Ordinate (Senkrechte; y-Achse) und die Abszisse (Waagerechte; x-Achse) auswählen
- Eindeutige Beschriftung der Achsen
  - → Titel für y-Achse und x-Achse
  - → Beschriftung der Achsen mit Werten, dabei auf Mindest- und Höchstwerte achten
- Passende Legende

5

Anwenden von Projektmanagement-methoden

Strukturierung der schriftlichen Prüfung	20%

5.1 Einsatzgebiete des Projektmanagements

5.1.1 Begriff, Merkmale und Inhalte eines Projekts

DEFINITION PROJEKT

Unter einem Projekt versteht man nach DIN 69901 ein Vorhaben, das im Wesentlichen durch die **Einmaligkeit der Bedingungen** in ihrer Gesamtheit gekennzeichnet ist.

? **Welche Merkmale kennzeichnen ein Projekt?**

Folgende Merkmale kennzeichnen ein Projekt:

- Einmaligkeit der Bedingungen
- Relative Neuartigkeit der Aufgabenstellung, Erstmaligkeit
- Klare Zielvorgabe, eindeutige Aufgabenstellung
- Zeitliche, finanzielle, personelle oder andere Begrenztheit
- Abgrenzungen gegenüber anderen Vorhaben
- Projektspezifische Organisation
- Komplexität
- Unsicherheit/Risiko
- Offizieller Projektstarttermin
- Begrenzter Ressourceneinsatz
- Keine Routine
- Verantwortung und Zielsetzung für ein Gesamtergebnis

? **Welche Projektarten werden unterschieden?**

Folgende Projektarten werden unterschieden:

- Fertigungsprojekte

- Planungsprojekte
- Rationalisierungsprojekte
- Betreuungsprojekte
- Organisationsentwicklungsprojekte
- Forschungs– und Entwicklungsprojekte
- Sozialprojekte
- Marketingprojekte
- Investitionsprojekte etc.

Beispiele für Projekte eines Industriemeisters:

- Einführung neuer Produkte
- Entwicklung neuer Produkte
- Einführung neuer Arbeits– bzw. Produktionssysteme
- Einführung eines Qualitätsmanagementsystems
- Innovationsprozess - Suche nach neuen Geschäftsfeldern
- Aufbau einer neuen Fertigungsstätte
- Planung und Steuerung von Umbaumaßnahmen
- Identifikation von Kostentreibern in der Produktion
- Reorganisation von Abläufen im Unternehmen
- Suche nach Rationalisierungsmöglichkeiten
- Umweltfreundliches Arbeiten
- Einführung eines kontinuierlichen Verbesserungsprozesses
- Einführung eines Ideenmanagements
- Erschließung neuer Vertriebswege
- Umsetzung einer neuen Organisationsstruktur
- Vorbereitung auf bestimmte Ereignisse (Veranstaltungen)

Welche typischen Inhalte kennzeichnen ein Projekt/einen Projektauftrag/eine Projektvereinbarung? ?

Typische Inhalte eines Projekts/ einer Projektvereinbarung:

- Bezeichnung des Projektes
- Auftraggeber und Auftragnehmer
- Zielsetzung des Projektes
- Formulierung der Aufgabenstellung und der zu erarbeitenden Ergebnisse
- Laufzeit des Projektes, Zeitrahmen, Terminstellung, Starttermin

- Umfeld– und Rahmenbedingungen, wie Ressourcen des Projektes
- Budget des Projektes
- Projektleiter und seine Aufgaben
- Projektteammitglieder
- Abstellung, d.h. anteilige oder volle Abstellung in das Projekt
- Disziplinarische Unterstellung
- Verteiler
- Organisationsform des Projektes, wie reine Projektgruppe, Stabs-Projektorganisation, Matrix-Projektorganisation
- Terminplanung mit Meilensteinen
- Erwartete Ergebnisse; Kriterien, die erfüllt sein müssen
- Unterschriften des Auftraggebers und des Auftragnehmers und/oder des Projektleiters

? Welche Projektphasen werden unterschieden?

Projektphase	Inhalt der Phase	Hilfsmittel
Projektdefinition	▪ Projektidee, Gründe für das Projekt, Problemanalyse ▪ Zieldefinition, Zielkatalog festlegen ▪ Formulierung des Projektauftrages und der wichtigsten Bedingungen des Projekts ▪ Ernennung des Projektleiters ▪ Grobkonzept erstellen ▪ Kosten-Nutzen-Abwägung	▪ Kreativitätstechniken z.B. Brainstorming/Brainwriting ▪ Techniken der Alternativenbewertung z.B. Mehrpunktabfrage
Projektplanung	▪ Festlegung der Projektorganisation ▪ Projektstrukturplan („Welche Aufgaben und Arbeitspakete sind insgesamt zu bewältigen") ▪ Qualitätsplanung ▪ Zeitplanung, u.a. Meilensteine, Fixtermine ▪ Kostenplanung u.a. verfügbares Budget ▪ Verteilung der Verantwortung	▪ Baumdiagramm (PSP) ▪ Balkendiagramm, Netzplantechnik (Zeitplanung) ▪ Organisationsplan ▪ Lastenheft

Projektphase	Inhalt der Phase	Hilfsmittel
Projektdurchführung/ Projektrealisierung	▪ Einweisung der Projektmitarbeiter ▪ Festsetzen der Standards, Beobachtung der Arbeitsergebnisse und des Projektfortschritts, Rückkopplung und korrigierendes Eingreifen ▪ Bereitstellen der Ressourcen ▪ Umsetzung des geplanten Ablaufs ▪ Kontrolle des Projektfortschritts und Steuerung bei Abweichungen	▪ Ablauf– und Terminplan ▪ Feedback ▪ Meilensteine ▪ Korrigierendes Eingreifen
Projektabschluss	▪ Abnahme des Projektes durch den Auftraggeber ▪ Soll-Ist-Vergleich; Vergleich der Ziele mit den Ergebnissen und Sicherung der Erfahrungen ▪ Dokumentation ▪ Projektabschlussbericht, Präsentation ▪ Evaluation, Feedback ▪ Auflösung der Projektorganisation ▪ Reintegration der Projektmitarbeiter	▪ Stärken-Schwächen-Analyse ▪ Präsentation mit Beamer ▪ Projektabschlussbericht ▪ Evaluationsbogen

5.1.2 Begriff, Merkmale und Inhalte des Managements

DEFINITION MANAGEMENT

Unter Management versteht man alle Tätigkeiten und Aufgaben zur Führung einer Organisation,

wie Zielsetzung, Planung, Entscheidung, Steuerung und Kontrolle der Prozesse.

Folgende typische Aufgaben hat das Management (→ Management-Regelkreis):

1. **Analyse**	**Wo steht das Unternehmen?** **Wie sind die Ausgangsbedingungen** (z.B. Führungsstil, Unternehmenskultur CI)? ■ Was erleichtert bzw. was erschwert die Aufgabe? ■ Welche Vorgaben müssen beachtet werden? ■ Wer soll beteiligt werden? ■ Welche Ressourcen stehen zur Verfügung (z.B. Zeit, Finanzen, Fähigkeiten)?
2. **Zielsetzung**	**Beschreibung konkreter und messbarer Ziele** ■ Was will ich? Was wollen die anderen Beteiligten und Betroffenen? Wo soll das Unternehmen zu einem bestimmten Zeitpunkt stehen? ■ Was ist unter den gegebenen Umständen realistisch? ■ Woran werde ich feststellen, ob ich das Ziel erreicht habe?
3. **Planung**	**Welche verschiedenen Lösungsmöglichkeiten gibt es, um die gesetzten Ziele zu erreichen?** ■ Was ist am wichtigsten? ■ Wieviel Zeit brauche ich wofür und wann? Hinweis: Pufferzeiten einplanen! ■ Wie viele Ressourcen benötige ich? ■ Welche Mitarbeiter habe ich? Wer soll was machen? **Hinweis:** Informationen sammeln, nicht werten!
4. **Entscheidung treffen**	**Alternativen klar nebeneinanderstellen sowie Vor- und Nachteile benennen** ■ Kriterien für die Entscheidung entwickeln unter Berücksichtigung von → Prioritäten (Dringlichkeit und Wichtigkeit der Aufgaben), → notwendigen Ressourcen, → der zur Verfügung stehenden Zeit und → der Eignung der Mitarbeiter für die gestellten Aufgaben ■ Auswahl der Lösungs-/Handlungsalternative, die den höchsten Beitrag zur Zielerreichung hat ■ Festlegen von Reihenfolge, Zeitrahmen und Verantwortung/Zuständigkeiten

5. **Durchführung**	**Umsetzung des Geplanten in die betriebliche Wirklichkeit** ■ Wer erledigt was? → Abläufe, effizienter Personaleinsatz und Arbeit sind zu organisieren ■ Informations- und Kommunikationsmanagement sichern, d.h. alle entscheidungsrelevanten Informationen sind zu beschaffen und transparent für alle bereitzustellen sowie eine umfassende Kommunikation der Beteiligten ist zu ermöglichen ■ Störungsmanagement klären, Verständigung über Notbremse (Abbruchkriterien)
6. **Kontrolle**	**Prüfung der Ergebnisse** ■ Anhand eines Soll-Ist-Vergleichs, durch das Anwenden von Mess-/ Ziel-/ Qualitätskriterien, zeigt sich, ob es gelungen ist, die Pläne in die Realität umzusetzen ■ Prüfung der Ergebnisse/der Reaktionen der Beteiligten und Betroffenen ■ Kontrolle der Außenwirkung (Image/Status) ■ Reflexion: Was würde ich bei folgenden Planungsprozessen ändern bzw. verbessern?

Hinweis:
Der **Management-Regelkreislauf** beschreibt die Grundfunktionen des Managements.

5.1.3 Begriff, Merkmale und Inhalte des Projektmanagements

DEFINITION PROJEKTMANAGEMENT

Unter Projektmanagement versteht man nach DIN 69901 die „Gesamtheit von Führungsaufgaben, Organisation, Techniken und Mitteln für die Abwicklung eines Projekts".

Projektmanagement beschreibt eine Managementtechnik zur Planung, logischen Abwicklung und Steuerung von Projekten.

Was sind die wichtigsten Ziele des Projektmanagements? ?

Grundsätzliches Ziel des Projektmanagements ist es, ein Projekt so zu planen und zu steuern, dass es in kürzester Zeit und zu möglichst geringen Kosten dem Ziel entsprechend abgewickelt wird.

Weitere Ziele des Projektmanagements:

- Transparente Umsetzung der Aufgabenstellung in eine Projektplanung
- Orientierung am Projektziel und Konzentration der Kräfte auf das Projekt
- Sicherung des Projekterfolges wie Termine, Kosten und Qualität,
  d.h., Erfüllung der Sachziele **und**
  Einhaltung der Budgetgrößen wie Termine und Kosten
- Effektiver Einsatz der Ressourcen
- Optimale Zusammenarbeit der Beteiligten
- Optimierung der Projektlaufzeit, Fehlerminimierung
- Know-how-Sammlung als Beitrag zum Wissensmanagement

5.1.4 Einsatzgebiete, Möglichkeiten und Grenzen des Projektmanagements

? **Welche Aufgaben hat das Projektmanagement?**

Die Aufgaben des Projektmanagements sind das Planen, Steuern und Überwachen.

	Beschreibung der Aufgabe	Hilfsmittel
Planung	■ Analyse der Aufgabenstellung ■ Zerlegung der Gesamtaufgabe in übersichtliche und planbare Arbeitspakete ■ Planung des Ablaufs ■ Kapazitätsplanung ■ Terminplanung ■ Kostenplanung ■ Meilensteine festlegen ■ Qualitätsplanung ■ Informationsplanung ■ Optimierung der Projektaufgabe, Anpassung der Projektplanung ■ Risikoanalyse technische, wirtschaftliche, politische, juristische etc. Risiken	■ Projektstrukturplan ■ Projektablaufplan ■ Terminplan ■ Kapazitätsplan ■ Kostenplan ■ Qualitätsplan ■ Kommunikationsplan

Steuerung	Steuerung des Projektablaufs ■ Aufgabenverteilung, Anleiten, Delegieren; Erarbeiten der Projektergebnisse durch arbeitspaketverantwortliche Projektmitarbeiter ■ Koordination der Zusammenarbeit ■ Berichtwesen zum Projektverlauf ■ Präsentation der Teilergebnisse und des Projektstandes in einer Projektgruppensitzung ■ Fällen von Entscheidungen, Einleitung von Korrekturmaßnahmen ■ Information, Berichterstattung	■ Projektbesprechung, Projektgruppensitzungen, Teammeetings ■ (Schriftliche) Ergebnismeldungen ■ Abfrage der Ergebnisse und der Meilensteine ■ Gespräche intern bzw. extern
Überwachung	Leitfragen: Effektivität und Effizienz ■ Termine ■ Kosten ■ Leistung	■ Termin– und Ablaufcontrolling ■ Kostencontrolling ■ Ergebniscontrolling

Welche Vor– und Nachteile bietet das Projektmanagement? ?

Vorteile des Projektmanagements	Nachteile des Projektmanagements
■ Der Projektablauf ist weitgehend im Vorhinein festgelegt. Die Durchführung hat mit dem Ablaufplan eine genaue Vorgabe ■ Effektivere Projektbearbeitung, Kosten- und Zeitersparnis ■ Risikominimierung ■ Frühzeitiges Erkennen und Beheben von Störungen bzw. Schwierigkeiten ■ Motivation durch Zwischenergebnisse/ Meilensteine ■ Bestmögliche Lösung durch Wissenstransfer ■ Höhere Flexibilität ■ Der Endtermin des Projekts kann bereits zu Projektbeginn zwischen den Vertragsparteien verbindlich vereinbart werden ■ Die benötigten Ressourcen können für die gesamte Projektdauer fest zugeordnet werden. Die Auslastung der Ressourcen kann damit optimiert werden	■ Konflikt zwischen Projektzielen und Projektergebnissen ■ Hohe Kosten bei der Einführung des Projektmanagements ■ Konflikte innerhalb des Teams ■ Akzeptanz von Projektleiter ■ Zusätzlicher Aufwand für Projektmanagement und -dokumentation ■ Änderungen während des Projekts bedeuten einen hohen Aufwand und können zu erheblichen Verzögerungen führen

? Welche konkurrierenden Zielgrößen eines Projekts werden unterschieden (= magisches Viereck des Projektmanagements)?

Beim magischem Viereck des Projektmanagements werden vier konkurrierende Zielfelder unterschieden:

- Erfüllung der Sachziele (= 1. Qualität und 2. Quantität)
- Erfüllung des Terminziels (= 3. Zeit)
- Erfüllung des Kostenziels (= 4. Kosten)

Dies wird „magisches Viereck des Projektmanagements" genannt, da es eine „magische" Forderung an das Unternehmen ist, alle vier Ziele gleichzeitig zu erreichen, da zwischen den Zielen Konflikte bestehen.

Hinweis:

Die drei Hauptziele jedes Projektes, also die Erfüllung der Sachziele, der Terminziele und der Kostenziele, werden auch magisches Dreieck des Projektmanagements genannt.

Sachziele	Was soll mit dem Projekt erreicht werden? Welches Produkt, welche Dienstleistung soll entstehen? Welchen Zweck verfolgt das Projekt? Festlegung der genauen Anforderungsanalyse im **Pflichtenheft** ■ Was soll realisiert werden (Umfang, Inhalt und Funktionen)? ■ Welche Qualität soll erreicht werden?
Terminziele	Wann soll das Projekt beginnen und wann soll es abgeschlossen sein? ■ Starttermin, Endtermin, Meilensteine, Vorgangsdauer, Pufferzeiten etc.
Kostenziele	Was darf das Projekt insgesamt kosten? Wie hoch ist das Budget? ■ Budget, Gesamtkosten, Kosten für bestimmte Projektabschnitte, materielle und personelle Ressourcenkosten, etc.

Die drei **Projektzielgrößen** beeinflussen sich gegeneinander, sie bilden ein Spannungsfeld aus konkurrierenden Beziehungen. Wird einer der drei Faktoren verändert, so hat dieses Auswirkungen auf mindestens einen der beiden anderen Faktoren.

Bsp.:

Bei steigenden Anforderungen an die Sachziele, ist in der Regel mit längeren Bearbeitungszeiten zu rechnen. Und längere Bearbeitungszeiten rufen höhere Kosten hervor.

5.2 Beteiligte und ihre Rollen in einem Projekt

Welche Beteiligte gibt es in einem Projekt? ?

DEFINITION PROJEKTBETEILIGTE

Nach DIN 69905 ist ein Projektbeteiligter eine „Person oder Personengruppe, die am Projekt beteiligt, am Projektverlauf interessiert oder von den Auswirkungen des Projekts betroffen ist".

Projektbeteiligte sind demnach:

- Auftraggeber
- Auftragnehmer
- Projektleiter
- Projektteam, Projektmitarbeiter
- Externe Projektbeteiligte
- Projektumfeld wie Benutzer des Projektergebnisses sowie die unmittelbar und mittelbar Betroffenen

5.2.1 Funktion und Rolle des Auftraggebers

Der Auftraggeber eines Projekts ist in der Regel der Initiator des Projektes und der wichtigste Projektbeteiligte. Er erteilt den Auftrag, die Freigabe der Projektmittel und entscheidet endgültig über den Erfolg des Projekts.

Hierbei wird zwischen internem und externem Auftraggeber unterschieden:

- Der interne Auftraggeber entstammt demselben Unternehmen wie der Auftragnehmer
  Bsp.: Geschäftsführung
- Der externe Auftraggeber steht mit dem Auftragnehmer in einem gesetzlich geregelten Vertragsverhältnis

? **Welche Aufgaben hat der Auftraggeber?**

Aufgaben des Auftraggebers:

- Genehmigung des Projektauftrages
- Einsetzen von Projektleitung und Projektteam
- Entscheidungen von strategischer und grundsätzlicher Art
- Vergabe des Projektauftrages an die Projektleitung
- Sicherstellung und Genehmigung der Ressourcen
- Formale Abnahme des Projektergebnisses

5.2.2 Funktion, Aufgaben und Rolle des Projektleiters

DEFINITION PROJEKTLEITUNG

Nach DIN 69901 wird die Projektleitung definiert als „für die Dauer eines Projektes geschaffene Organisationseinheit, welche für die Planung, Steuerung und Überwachung dieses Projektes verantwortlich ist".

Die Projektleitung ist für die operative Umsetzung des Projektauftrages verantwortlich, also für das Erreichen der im Projektauftrag definierten Projektziele - von der Projektplanung über die Projektsteuerung und Projektmitarbeit bis hin zur Projektkontrolle.

Die Projektleitung bzw. der Projektleiter ist der zentrale Ansprechpartner des Auftraggebers.

BEACHTE

- Die Projektleitung kann grundsätzlich durch jede Person mit entsprechenden Projektmanagement-Kenntnissen übernommen werden, allerdings werden hohe Erwartungen an den Projektleiter gestellt.
- In kleineren Projektes gibt es meist nur einen Projektleiter, in größeren Projekten kann es eine eigenständige Organisationseinheit geben.

Welche Aufgaben hat der Projektleiter? ?

Aufgaben des Projektleiters:

- Auswahl und Führen des Projektteams, Benennen von Stellvertretern, Aufgabenverteilung innerhalb des Teams, Koordination des Teams
- Durchführung und Planung des Kick-offs
- Planung, Koordination, Überwachung und Steuerung des Projektes
- Mitarbeit in der Konzeptions- und Planungsphase des Projektes
- Verantwortung für die Abwicklung des Projektes, insbesondere das Erstellen des Projektplans, sowie dessen Pflege, Aktualisierung und Überwachen des Projekterfolgs
- Verantwortung für das Erreichen von Termin-, Kosten- und Inhaltszielen → Budget-Einhaltung/Kostenüberwachung, Termineinhaltung
- Konfliktmanagement, sachgerechte Problemlösung,
  d.h., Verantwortung für die Problemlösung; Einleiten von Gegenmaßnahmen, wenn Abweichungen vorliegen und deren Wirksamkeitskontrolle
- Repräsentation des Projektes nach außen und nach innen,
  d.h., der Projektleiter sorgt dafür, dass das Projekt gelebt wird; Führung von Mitarbeitern; Kommunikation innerhalb des Teams; fachliche und sachliche Verantwortlichkeit für das Projektteam
- Beschaffung der notwendigen Ressourcen
- Terminkoordination der Ergebnisse aus den Arbeitspaketen
- Vorbereitung und Durchführung von Projektbesprechungen
- Transfer zum Auftraggeber
- Erstellen der Statusberichte, Projektunterlagenverwaltung
- Auswertung des Projekts

Welche unterschiedlichen Rollen nimmt der Projektleiter wahr? ?

Der Projektleiter plant das Projekt, setzt es in Gang, koordiniert es und kontrolliert den Projektfortschritt. Dabei nimmt er vielfältige Rollen ein.

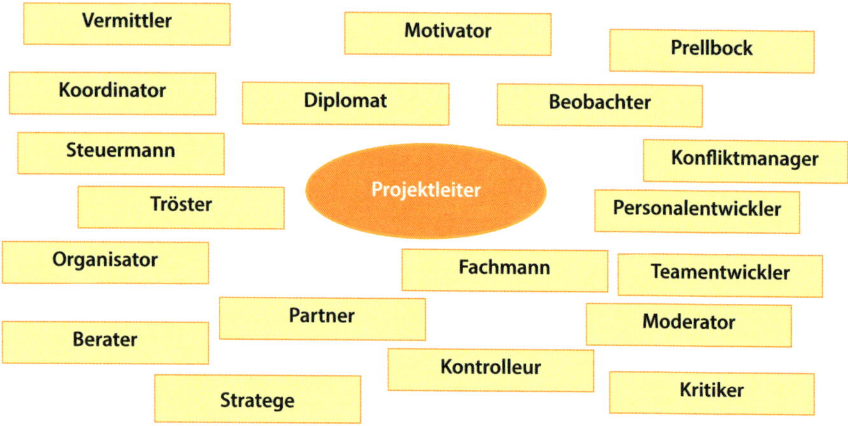

? Welche Anforderungen und Erwartungen werden an den Projektleiter gestellt?

- **Soziale und personale Kompetenz**
  Der Projektleiter soll insbesondere persönliche Autorität und emotionale Intelligenz besitzen, kommunikationsfähig, teamfähig und problemlösefähig sein. Daneben sollte er über Ausdauer verfügen und belastbar sein.

  Beachte:

  Oft sind gerade die sozialen Kompetenzen für das Gelingen eines Projektes von ganz entscheidender Bedeutung. Hier spielt die Fähigkeit zur Motivation, die Fähigkeit komplexe Zusammenhänge gut und leichtverständlich erklären zu können, die Fähigkeit begeistern und mitreißen zu können, eine ganz wichtige Rolle.
  Da die Umsetzung von Projekten meist mit größeren Risiken verbunden ist, da praktisch immer neue Lösungswege beschritten werden, müssen ständig Chancen und Risiken gegeneinander abgewogen werden. Der Projektleiter muss sich oft auf ungeplante Situationen einstellen und zwar möglichst frühzeitig und ohne große Reibungsverluste. Dazu sind sehr gute Fähigkeiten im Bereich Kommunikation, Konfliktmanagement, Mitarbeitermotivation und nicht zuletzt Teamfähigkeit gefragt.
- **Methodische Kompetenz**
  Der Projektleiter soll insbesondere Moderations-, Besprechungs-, Analyse-, Präsentations- und Problemlösetechniken, aber auch Projektplanungsmethoden beherrschen. Weiterhin soll er einen guten Überblick und die Fähigkeit zum Denken in Zusammenhängen besitzen.
- **Fachliche Kompetenz**
  Der Projektleiter soll Fachwissen im Rahmen des Projektes sowie Erfahrung besitzen, um fundierte Entscheidungen fällen zu können, das Ziel nicht aus den Augen verlieren und entscheidungsfähig sein.

5.2.3 Aufgaben und Verantwortung der einzelnen Mitglieder im Projektteam

5.2.3.1 Projektmitarbeiter

DEFINITION PROJEKTMITARBEITER

Projektmitarbeiter sind prinzipiell alle an einem Projekt beteiligten Personen, auch wenn sie nicht direkt zum Projektteam gehören.

Projektmitarbeiter werden zur Erfüllung der Projektaufgaben eingesetzt.

Die Projektmitarbeiter sind als „Arbeitspaket-Verantwortliche" zuständig und verantwortlich für ...

- die Feinplanung der Arbeitspakete und
- die plangerechte Durchführung der Arbeitspakete.

Weitere Aufgaben der Projektmitarbeiter:

- Einholung der notwendigen Informationen für die übernommenen Projektaufgaben
- Mitwirkung bei der Projektplanung
- Wahrnehmung der fachlichen und organisatorischen Interessen der einzelnen Abteilungen
- Koordination des Informationsaustausches zwischen der Projektgruppe und den jeweiligen Abteilungen
- Meldung von sachlichen oder zeitlichen Planabweichungen
- Erstellen der Berichte und Dokumente gemäß den Projektstandards

5.2.3.2 Projektteam

DEFINITION PROJEKTTEAM

Das Projektteam besteht aus den Projektmitarbeitern, die zusammen mit dem Projektleiter für die Projektdurchführung verantwortlich sind.

? **Auf welche Faktoren ist bei der Zusammensetzung des Projektteams zu achten?**

Richtige personelle Zusammensetzung des Teams nach …

- optimaler Gruppengröße

  Beachte:

  Die optimale Gruppengröße ist abhängig von der Aufgabenstellung.
  Grundsätzlich gilt: Die Zahl der Mitglieder muss für die Aufgabe ausreichend sein.

  Fragestellungen:

  → Wer, wann, wie lange, aus welchem Bereich?

  → Stehen die Teammitglieder für die gesamte Projektlaufzeit zur Verfügung oder ist ein personeller Wechsel einzuplanen?

- sozialen und persönlichen Kompetenzen der Teammitglieder,

  insbesondere Team– und Kommunikationsfähigkeit, Ausdauer und Belastbarkeit sowie Problemlösefähigkeit;
  wünschenswert wären sich ergänzende Mitarbeitertypen wie Stratege, Arbeitspferd, Detaillist, Controller, Kreativer, Helfer etc.

  Beachte:

  Gute Kommunikation ist entscheidend. Daher sind „Konfliktpartner" frühzeitig aus dem Projektteam zu entfernen.

  Fragestellungen:

  → Welche persönlichen und personalen Kompetenzen der Teammitarbeiter werden benötigt, um das Projektziel zu erreichen?

  → Gibt es Zwänge, bestimmte Teammitarbeiter aufzunehmen?

- fachlichen Kompetenzen aller Teammitglieder

  Beachte:

  Nur qualifizierte Mitarbeiter ins Projekt holen.
  Verschiedenartiges Wissen und Können (Interdisziplinarität) der Teammitglieder ist für das Projekt sinnvoll.
  Evtl. zusätzliche Fachkompetenz durch Einbeziehung externer Berater.

  Fragestellungen:

  → Welches Fach-Know-how wird im Projekt benötigt, um das Projektziel erreichen zu können?

  → Sind die Mitglieder des Projektteams für die Arbeiten geeignet?

  → Gibt es kritische Aufgaben, die nicht durch die Teammitglieder zu bewältigen sind?

- Gruppenzusammenhalt (Kohäsion)

  Es dürfen keine größeren Konflikte der Teammitglieder untereinander bestehen. Gedanken, Daten und Ideen müssen offen ausgetauscht und bewertet werden können. In der Gruppe besteht ein Wir-Gefühl. Insgesamt motiviert das Gruppenklima zum Arbeiten.

  Fragestellungen:

  → Gibt es persönliche Gegensätze innerhalb des Projektteams?

- → Können Konflikte innerhalb des Teams entstehen?
- → Was benötigt die Gruppe, um sich überwiegend selbständig zu steuern, sowie Konflikte und andere Probleme in Feedbacksitzungen zu lösen?

Welche Erfolgsfaktoren kennzeichnen ein Projektteam? ?

- Klare und von allen Teammitgliedern akzeptierte Zielsetzung
- Ausgewogene Teamzusammensetzung und Teamstruktur,
  d.h. unterschiedliche Menschentypen sind bei der Zusammensetzung zu beachten
- Erfolgreiche Teambildung (Phasen) sowie klare Verteilung der Rollen und Kompetenzen
- Eindeutige Verantwortlichkeiten
- Gutes Klima im Team, gute Gesprächs– und Arbeitskultur, gemeinsame Regeln
- Innerer Zusammenhalt der Gruppe, Wir-Gefühl
- Teamkompetenz
- Unterstützung und Anerkennung des Teams durch die Teamumwelt

Was versteht man unter dem Teammanagementkreis von Margerison und McCann? ?

Nach dem Teammanagementkreis von Margerison und McCann (1990) gibt es acht verschiedene Rollen bei der Teamarbeit. Wichtig ist die angemessene Mischung von Persönlichkeiten bei der Teamzusammenstellung (→ Synergieeffekte).

Der Teammanagementkreis von Margerison und McCann (1990):

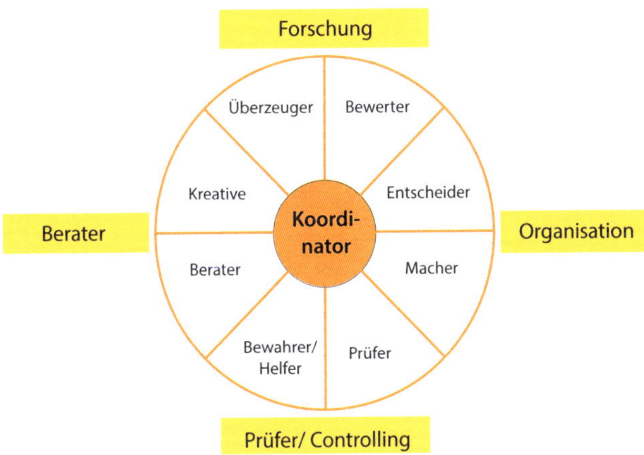

? In welchen vier typischen Phasen läuft der Teambildungsprozess (nach Tuckman) ab?

Das Modell des US-amerikanischen Psychologen Bruce Tuckman beschreibt vier aufeinander folgende **idealtypische Entwicklungsschritte** für Gruppen (forming, storming, norming, und performing):

1. Forming	**= Orientierungsphase** In dieser Phase entsteht das Team. Die Mitglieder kommen mit bestimmten Erwartungen und sind auf der Suche nach ihrer Rolle innerhalb des Teams. Man beschnuppert sich gegenseitig und versucht sich zu profilieren. Die Gruppe ist stark von der Teamleitung abhängig.	Kontaktaufnahme, Kennenlernen, Abtasten, Unsicherheit, Höflichkeit
2. Storming	**= Konfrontationsphase** Wichtigste Phase: Es wird um Machtpositionen gekämpft, Meinungen werden strikt vertreten und persönliche Differenzen der Teammitglieder untereinander deutlich. Dazu kommt, dass die eingesetzten Methoden und die Teamleitung diskutiert oder gar angegriffen werden.	Machtkämpfe, Konflikte, Egoismen, Kampf um Rollen, Cliquenbildung, Frustrationen, Stillstand, Konfrontation
3. Norming	**= Kooperationsphase** Die Wogen im Team haben sich geglättet, Verhaltensnormen werden deklariert und es ist ein Wir-Gefühl entstanden. Jetzt beginnt die eigentliche Arbeit im Team. Gedanken, Daten und Ideen werden offen ausgetauscht und bewertet.	Spielregeln, Gruppennormen, Vertrauen, Wir-Gefühl, Offenheit, sachliche Auseinandersetzung
4. Performing	**= Wachstumsphase, Hochleistungsphase** In dieser Phase sind dank der hohen Teamkohäsion (= Teamzusammenhalt) Spitzenleistungen möglich. Die Gruppe steuert sich überwiegend selbständig. Konflikte und andere Probleme werden in Feedbacksitzungen diskutiert und in der Regel auch gelöst. Die Teamleitung tritt in den Hintergrund.	Hochleistungsteam, produktiv, offen, leistungsfähig, flexibel, ideenreich, hilfsbereit

Hinweise:

- Bruce Tuckman (geb. 1938) entwickelte 1965 dieses idealtypische Phasenmodell für die Teamentwicklung. Im Jahr 1977 wurde das Modell um eine fünfte Phase (adjourning = Auflösungsphase) ergänzt.
- Es kann keine der Phasen ausgelassen werden, jedoch können Dauer und Ausprägung der Phasen sehr unterschiedlich sein.
- Bekannt ist dieses Modell der Teamentwicklung auch unter dem Namen Teamuhr oder Teamentwicklungsuhr.

Welche Unterstützung bietet das Phasenmodell von Tuckman sowohl für Teams als auch für Führungskräfte? ?

Die Kenntnis über Entwicklungsabläufe von Gruppen (→ Tuckman Modell des Teambuilding) hilft Teams und Führungskräften dabei,

- Teambuilding zu erleichtern und Orientierung zu erhalten,
  z.B. kann der Teamleiter den aktuellen Stand des Teams einschätzen und es zielgerichtet in die nächste Phase führen,
- zu verstehen, warum Situationen entstanden sind,
- zu verstehen, wie wichtig konstruktiv geführte Konflikte sind,
- nützliche Feedbackmechanismen einzuführen,
- gezielter in einen möglichst leistungsfähigen Zustand zu kommen, um ideenreich und flexibel arbeiten zu können sowie
- offen, hilfsbereit und solidarisch mit Kollegen umzugehen.

5.2.4 Projektorganisationsformen

Von welchen Kriterien hängt die richtige Projektorganisationsform ab? ?

BEACHTE

Es gibt <u>nicht</u> DIE richtige Organisationsform für Projekte!

Die Auswahl der richtigen Organisationsform ist abhängig vom Projekt und den damit verbundenen Rahmenbedingungen wie:

- Art des Projektes (prozessorientiert oder zielorientiert)
- Größe und Komplexität des Projektes
- Dauer des Projektes
- Ausmaß von externen Einflüssen
- Grad der Neuartigkeit
- Strategische Bedeutung
- Umfeld des Unternehmens (Branche, Wettbewerb etc.)
- Verfügbare Ressourcen etc.

? **Welche Projektorganisationsformen sind zweckmäßig?**

1. Reine Projektorganisation
2. Stabs-/ Einfluss-Projektorganisation
3. Matrix Projektorganisation

5.2.4.1 Reine Projektorganisation

Gruppenmitglieder arbeiten ausschließlich am Projekt, sie sind **aus der Linie herausgelöst**. Projektleiter hat gegenüber Projektmitarbeitern volle Weisungsbefugnis.

Verantwortungsbereiche:

- Projektmanager hat volle Kompetenz und Verantwortung bei allen Fragen, die das Projekt betreffen, auch gegen den Willen der Linienmanager
- Linienmanager hat keinerlei Befugnisse; er hat das Projekt zu unterstützen

Vorteile der reinen Projektorganisation	Nachteile der reinen Projektorganisation
▪ Identifikation mit dem Projekt ▪ Volle Kompetenz der Projektverantwortlichen ▪ Klare und eindeutige Projektverantwortung ▪ Klare Kommunikationswege	▪ Gefahr der autoritären Führung ▪ Gefahr von Parallelentwicklungen durch Projekt und Linie ▪ Wiedereingliederung der Projektgruppe nach Projektende kann sich schwierig gestalten

5.2.4.2 Stabs-/ Einfluss-Projektorganisation

Keine Weisungsbefugnis des Projektleiters gegenüber den Projektmitarbeitern.

Die **Projektmitarbeiter bleiben der Linie unterstellt**. Projektleiter ist mit Stabsstelle vergleichbar.

Verantwortungsbereiche:

- Projektmanager hat nur beratende und informierende Funktion
- Linienmanager hat alleinige Entscheidungs– und Weisungsbefugnis

Vorteile der Stabs-/ Einfluss- Projektorganisation	Nachteile der Stabs-/ Einfluss- Projektorganisation
■ Keine organisatorische Umstellung ■ Hierarchie bleibt bestehen; es gibt nur einen Vorgesetzten ■ Klare Zuständigkeiten, da grundsätzlich der Linienvorgesetzte Entscheidungsbefugnis hat	■ Keine klare Abgrenzung zwischen Linie (Tagesgeschäft) und Projektarbeit ■ Keine Weisungsbefugnis, daher die Gefahr, dass sich die Projektmitarbeiter nicht für die Projektarbeit verantwortlich fühlen ■ Rivalität zwischen Linie und Projektarbeit

5.2.4.3 Matrix-Projektorganisation

Bei der Matrix-Projektorganisation besteht ein fachliches Weisungsrecht.

Die **Gruppenmitglieder arbeiten zum Teil an dem Projekt und zum Teil an ihren eigentlichen Aufgaben**.

Beachte:

Diese Organisation macht Sinn, wenn das Projekt viele Bereiche des Unternehmens zur fachlichen Unterstützung benötigt.

Verantwortungsbereiche:

- Projektmanager hat volle Kompetenz bei allen Fragen, die das Projekt betreffen (Projektverantwortung für Sachziele, Kosten und Termine)
- Linienmanager hat volle Kompetenz bei Linienfragen (Verantwortung für das Tagesgeschäft)

Folge:

Einigungszwang zwischen Projekt– und Linienmanager

Vorteile der Matrix- Projektorganisation	Nachteile der Matrix- Projektorganisation
■ Personal kann flexibel eingesetzt werden ■ Förderung der ganzheitlichen Betrachtung des Unternehmens, da alle Unternehmensbereiche zusammenarbeiten ■ Mitarbeiter werden nicht aus ihren Abteilungen herausgelöst ■ Keine Wiedereingliederungsprobleme der Projektgruppe nach Projektende ■ Nützen von Synergieeffekten ■ Spezialkenntnisse der Mitarbeiter können gut genutzt werden ■ Mitarbeiter werden neben dem Projekt noch ausgelastet	■ Projektmitarbeiter haben zwei Vorgesetzte ■ Schwierige Kompetenzabgrenzung zwischen Projektleiter und Linienvorgesetztem ■ Konflikte zwischen Projekt und Linie sind vorprogrammiert ■ Hoher Zeitaufwand für das Setzen von Prioritäten und die Kommunikation

5.3 Methoden der Projektplanung

Mit der Projektplanung beginnt die Festlegung des Weges zur Zielerreichung. Dabei sind insbesondere die Rahmenbedingungen „Kosten", „Termine" und „Qualität" etc. einzuhalten. Dies gelingt nur, indem das Projekt strukturiert geplant wird.

Die Planungsphase wird eingeteilt in ...

1. Grobplanung
   wie Projektstrukturplan, Projektablaufplan
2. Feinplanung
   wie Projektterminplan, Kapazitätsplan, Kostenplan, Qualitätsplan

5.3.1 Vorgehensweise zur Planung eines Projektes

1. Schritt: Projektstrukturplan erstellen	Mit dem Projektstrukturplan wird eine komplexe Gesamtaufgabe in übersichtliche, planbare Arbeitspakete zerlegt. Ein Arbeitspaket (AP) wird dann einem Projektgruppenmitglied verantwortlich zur Erledigung zugeordnet. Der Projektstrukturplan bildet somit alle Arbeitspakete eines Projektes ab, die zur Erreichung der Projektziele erforderlich sind. **Der Projektstrukturplan legt Folgendes fest:** ■ Arbeitsschritte ■ Arbeitspakete ■ Meilensteine Fragestellung: „Was ist alles zu tun?"
2. Schritt: Projektablaufplan	Der Projektablaufplan legt die logische Reihenfolge der Bearbeitung der Vorgänge und Arbeitspakete fest (sequentiell oder simultan). Fragestellung: „In welcher Reihenfolge müssen die Arbeitspakete abgearbeitet werden?"
3. Schritt: Terminplan erstellen	Der Projektterminplan zeigt die zeitliche und logische Abfolge der zu erledigenden Arbeitspakete bzw. Vorgänge. Er legt die Anfangs- und Endtermine fest und enthält eine Zeitschätzung für die Abarbeitung der Aufgaben. Wenn die Termine festgelegt sind, lässt sich die Gesamtdauer des Projektes ermitteln. ■ Dauer ■ Termine ■ Meilensteine ■ Verantwortliche Fragestellung: „Wie lange dauern die einzelnen Arbeitspakete?"

4. Schritt: Kapazitätsplan erstellen	Der Kapazitätsplan enthält Schätzungen über die Ressourcen und Aufwände, wie ■ Maschinenlaufzeiten ■ Arbeitszeiten ■ Personalkapazitäten und deren erforderliche Qualifikationen ■ Transportmittel, Fahrzeuge ■ Rechnerzeiten ■ Budget ■ Arbeitsmittel ■ Anlagen ■ Räume Fragestellungen: „Welche Ressourcen werden pro Arbeitspaket benötigt?", „Sind die Ressourcen ohne Überlastung eingeplant?"
5. Schritt: Kostenplanung und Projektgesamtkostenplanung	Bei der Kostenplanung handelt es sich um die Aufwandsschätzung der für die Durchführung des Projektes anfallenden voraussichtlichen Kosten der einzelnen Arbeitspakete. ■ Personalkosten ■ Materialkosten ■ Kosten durch externen Beratungsbedarf ■ Gerätekosten ■ Gemeinkosten Fragestellung: „In welcher Höhe verursachen die einzelnen Arbeitspakete Kosten?"
6. Schritt: Qualitätsplanung erstellen	Die (Projekt-)Qualitätsplanung enthält diejenigen Qualitätsstandards und Qualitätsmerkmale, die für ein Projekt relevant bzw. erforderlich sind. Zudem stellt sie fest, wie diese Standards erfüllt werden können, wann sie erreicht werden sollen bzw. müssen und wie sie überprüft werden können. Fragestellungen: „Welche Qualitätsanforderungen?", „Wie kann man sie messen?"
7. Schritt: Informationsplanung/ Kommunikationsplan erstellen	Ein Kommunikationsplan stellt die Maßnahmen der Kommunikations- und Informationspolitik dar. Denn, einer angemessenen Kommunikation und adäquaten Information der Beteiligten und Betroffenen, kommt eine zentrale Bedeutung für den Projekterfolg zu. Fragestellungen: „Wer erhält wann, welche Informationen aus dem Projekt?", „Wer trifft sich mit wem, wann?"
8. Schritt: Risikoanalyse erstellen	Risiken sind Ereignisse oder voraussichtliche Entwicklungen, die mit einer bestimmten Wahrscheinlichkeit den geplanten Projektverlauf in unterschiedlichem Ausmaß stören. Ziel der Risikoanalyse ist, alle denkbaren Gefahren für den Projekterfolg zu identifizieren. **Typische Projektrisiken:** Terminrisiken, Kostenrisiken, Personelle Risiken, Organisatorische Risiken, Risiken im Projektumfeld Fragestellungen: „Was könnte mein Projekt gefährden?", „Welche Maßnahmen kann ich dagegen treffen?"

5.3.2 Projektstrukturplan (PSP)

Im Projektstrukturplan werden alle Aufgaben und Arbeitspakete des Projekts als eine Kette logisch aufeinander aufbauender Arbeitsschritte in einer hierarchischen Baumstruktur grafisch dargestellt.

→ Der Projektstrukturplan macht transparent, welche Aufgaben insgesamt zu bewältigen sind.

Ziel des Projektstrukturplanes ist die Zerteilung und Gliederung der komplexen Gesamtaufgabe in übersichtliche, plan- und kontrollierbare Teilaufgaben, sogenannte Arbeitspakete, die man besser managen kann. Ein Arbeitspaket (AP) wird dann einem Projektgruppenmitglied verantwortlich zur Erledigung zugeordnet. Der Projektstrukturplan bildet somit alle Arbeitspakete eines Projektes ab, die zur Erreichung der Projektziele erforderlich sind.

Wie ist das Vorgehen bei der Erstellung eines Projektstrukturplans (PSP)? ?

Vorgehen bei der Erstellung eines Projektstrukturplans (PSP)

3. Untergliedern des Gesamtprojektes in klar definierte Teilaufgaben
4. Weitere Zerlegung der Teilaufgaben/Teilprojekte bis hin zu Arbeitspaketen (Arbeitspakete stellen die kleinste Ebene dar)
5. Optimale Größe der Arbeitspakete sicherstellen und inhaltlich klar definieren z.B. durch Listen von Aktivitäten, Vorgängen inklusive der Leistungsbeschreibungen

   Beachte:

   Arbeitspakete müssen vollständig sein, die zeitliche Reihenfolge ist unwichtig
6. Beteiligte, Materialeinsatz, Zuständigkeiten und Verantwortlichkeiten für die einzelnen Arbeitspakete festlegen

Welche Wirkungen bzw. Vorteile hat der Projektstrukturplan? ?

- Zwang zu systematischer Projektgliederung
- Schaffung eines Ordnungsschemas und einer hierarchischen Struktur zur Definition von Teilaufgaben und Schnittstellen
- Beschreibung der Teilaufgaben verdeutlicht ihre Bedeutung
- Einfaches, übersichtliches und vollständiges Bild
- Logische Verknüpfung der Teilaufgaben ermöglicht eine Vollständigkeitsprüfung

- Basis für den Einsatz von Führungsinstrumentarien
- Basis für die Schätzung der Kosten
- Aufgabenverteilung und Definition der Verantwortlichkeiten
- Strukturelle Basis für die Ablauf-, Termin-, Kosten- und Ressourcenplanung

? **Was versteht man unter einem objektbezogenen und einem funktionsbezogenen Projektstrukturplan?**

Objektbezogener Projektstrukturplan	Funktionsbezogener Projektstrukturplan
Der objektorientierte Projektstrukturplan zerlegt den Projektgegenstand in seine einzelnen Teile/seine physischen Komponenten. → **produktorientierter** Projektstrukturplan	Der funktionsbezogene Projektstrukturplan zerlegt den Projektgegenstand in seine einzelnen auszuführenden Tätigkeiten. → **prozessorientierter** Projektstrukturplan

BEACHTE

Der Projektstrukturplan ist die Grundlage für weitere Pläne,
wie dem Programmablaufplan, Terminplan, Ressourcenplan, Kostenplan etc.

5.3.3 Projektablaufplan

DEFINITION PROJEKTABLAUFPLAN PAP

Der Projektablaufplan legt die logische Reihenfolge der Bearbeitung der Vorgänge und Arbeitspakete fest.

Bestimmung der logischen Reihenfolge der Aktivitäten, denn grundsätzlich bestehen bei den einzelnen Vorgängen zeitlich, technisch oder inhaltlich bedingte Abhängigkeiten bzw. Folgebeziehungen.

- Welche Aktivitäten müssen nacheinander ausgeführt werden?
- Welche Aktivitäten können parallel bearbeitet werden?
- Welche Vorgänge sind voneinander unabhängig?
- Welche Vorgänge sind von einem anderen Vorgang abhängig?

- Welche Anordnungsbeziehungen haben zwei voneinander abhängige Vorgänge?
- Wer ist Vorgänger? Wer ist Nachfolger?

Das für die Ablaufplanung geeignete Instrument ist der Netzplan. In ihm werden die Arbeitspakete mittels sog. Anordnungsbeziehungen in die aus sachlichen Gründen erforderliche Reihenfolge (parallel/gleichzeitig oder sequentiell) gebracht.

5.3.4 Projektterminplan

DEFINITION PROJEKTTERMINPLAN

Der Projektterminplan zeigt die zeitliche und logische Abfolge der zu erledigenden Arbeitspakete bzw. Vorgänge.

Vorgehen beim Projektterminplan:

1. Bestimmung der Dauer jedes Vorgangs bzw. jedes Arbeitspakets durch Aufwandabschätzung oder Erfahrungswerte sowie Festlegung der Reihenfolge der Vorgänge
2. Überlagerung des Zeitplans mit einem Kalender (= Terminplan)
3. Einfügen von Meilensteinen an verschiedenen Zeitpunkten des Projektes. Ein Meilenstein ist ein Zeitpunkt, zu dem ein prüfbares Ergebnis vorliegen muss. Meilensteine erlauben die Beobachtung des Projektfortschritts.

Hinweis:

Wenn die Termine festgelegt sind, lässt sich die Gesamtdauer des Projektes, sowie der kritische Pfad ermitteln.

Arten der Terminplanung:

- Terminplanung/Terminliste
- Balkendiagramm
- Netzplantechnik

Hinweis:

Für komplexe Projekte sind Projektmanagement-Tools wie MS Project sinnvoll.

Was sind die häufigsten Fehler bei der Aufwandsschätzung? ?

- Erfahrungsgemäß fallen Aufwandsschätzungen zu neuen Themen eher zu niedrig denn zu hoch aus, genauso wie Aufwandsschätzungen von Mitarbeitern, die nur selten bewusst Aufwände schätzen.
- Viele Angaben zum voraussichtlichen Aufwand werden unter dem Druck knapper Ressourcen und enger Terminpläne gemacht - und sind deswegen von vornherein unrealistisch.
- Die zuständigen Mitarbeiter werden nicht oder nur ungenügend bei der Aufwandsschätzung eingebunden.

5.3.5 Kapazitätsplanung/Ressourcenplanung

Durch Bestimmung der notwendigen Ressourcen zu jedem Vorgang bzw. Arbeitspaket entsteht der Ressourcenbedarfsplan/Ressourcenplan.

Der Kapazitätsplan enthält Schätzungen über die Ressourcen, wie

- Maschinenlaufzeiten
- Arbeitszeiten
- Transportmittel, Fahrzeuge
- Rechnerzeiten
- Personalkapazitäten und deren erforderliche Qualifikationen
- Budget
- Arbeitsmittel
- Räume

Grundlage der Ressourcenplanung ...

ist die Information über die Zeiträume, in denen die Ressourcen dem Projekt zur Verfügung stehen. Je genauer die Angaben im PSP und PAP sind, um so detaillierter kann der Kapazitätsplan erstellt werden.

Durch den Vergleich der erforderlichen mit den geplanten Ressourcen zeigt sich, ob die im Projektauftrag festgelegten Projektziele mit den zur Verfügung stehenden Mitteln erreicht werden können. Ist dies nicht der Fall, müssen entweder die Projektziele modifiziert oder die Projektressourcen aufgestockt werden.

Handlungsmöglichkeiten der Kapazitätsplanung ohne Verschiebung des Endtermins:

- Ausnützung der Pufferzeiten
- Verschiebung nicht-kritischer Vorgänge
- Streckung oder Stauchung von Vorgängen durch Veränderung der Ausführungsart und/oder des Faktoreinsatzes
- Unterbrechung von (unterbrechbaren) Vorgängen

5.3.6 Kostenplanung

In der Regel ist mit der offiziellen Erteilung eines Projektauftrages auch die Freigabe eines bestimmten Projektbudgets verbunden. Der Projektleiter ist dafür verantwortlich, im Rahmen dieses Projektbudgets das vereinbarte Projektziel zu erreichen. Um die Höhe des Projektbudgets zu verifizieren, ist eine Abschätzung der voraussichtlichen Projektkosten notwendig. Erst danach ist eine fundierte Aussage möglich, wie viel die Realisierung des Projektziels voraussichtlich kosten wird.

DEFINITION KOSTENPLANUNG

Bei der Kostenplanung handelt es sich um die Aufwandsschätzung der für die Durchführung des Projektes anfallenden, voraussichtlichen Kosten der einzelnen Vorgänge/Arbeitspakete.

Basis für die Projektkostenplanung ist der Projektstrukturplan, der eine vollständige Aufstellung aller für die Erreichung des Projektziels notwendigen Arbeitspakete beinhaltet.

Das Ziel der Kostenplanung ...

ist es, sicherzustellen, dass die bei der Umsetzung des Projektes entstehenden Kosten mit Hilfe der Planung, Schätzung, Budgetierung und Steuerung innerhalb des Projektbudgets liegen.

Es geht hierbei um eine projektumfassende Vollkostenrechnung, angefangen bei der Vorplanung, endend beim Abschlussbericht.

BEACHTE

Die Projektkostenplanung beschäftigt sich ausschließlich mit den für die Abwicklung des Projekts anfallenden Kosten.

Welche Kostenarten fallen bei einem Projekt an? ?

- Ressourcenkosten wie
  - → Personalkosten
  - → Materialkosten
  - → Gerätekosten
  - → Kosten durch externen Beratungsbedarf/Fremdleistungskosten
  - → Sonstige Kosten (Reisekosten etc.)

- **Gemeinkosten**
  wie Büromiete, Löhne und Gehälter von Verwaltung und Management etc., die sich nicht spezifischen Projekten zuordnen lassen.

  Beachte:

  Eine Verteilung der Projektgemeinkosten auf die Arbeitsschritte ist nicht sinnvoll.

? Welche Probleme können bei der Kostenplanung auftreten?

- Zu optimistische Kostenschätzung
- Erfassungs- und Pflegeaufwand
- Unvollständige Kosten-Informationen
- Kalkulation unter Unsicherheiten
- Auswirkungen von Soll-Ist-Abweichungen und Änderungsaufträgen während der Projektdurchführung können noch nicht berücksichtigt werden

5.3.7 Qualitätsplanung

Die (Projekt-)Qualitätsplanung enthält diejenigen Qualitätsstandards und Qualitätsmerkmale, die für ein Projekt relevant bzw. erforderlich sind. Zudem stellt sie fest, wie diese Qualitätsanforderungen erfüllt werden können, wann sie erreicht werden sollen bzw. müssen und wie sie überprüft werden können.

BEACHTE

- Qualitätsstandards müssen messbar beschrieben werden, z.B. im Pflichtenheft.
- Der Projektleiter und seine Mitarbeiter sind für die Definition und die Einhaltung der Qualitätsanforderungen verantwortlich.

5.3.8 Informationsplanung

Der Information kommt im Projektmanagement eine zentrale Bedeutung zu. Sie ist für den Projekterfolg eine unabdingbare Grundlage.

Daher müssen

- relevante Dokumente zum Projekt für alle Projektmitarbeiter schnell und jederzeit zugänglich sein sowie
- Standards der Berichtslegung für Auftraggeber und Lenkungsgruppe festgelegt werden, um Auftraggeber und Lenkungsgruppe regelmäßig über den Projektverlauf zu informieren.

Vorteile:

- Zeitersparnis
- Effektive Projektabwicklung
- Mitarbeiterzufriedenheit

5.3.9 Risikoanalyse und Anpassung der Projektplanung

Aufgabe der Risikoanalyse ist es, Faktoren, die eine Gefahr für den Projekterfolg darstellen (die im Projektauftrag definierte Leistung in geplanter Zeit mit den geplanten Ressourcen im vorgegebenen Budget zu erbringen), vollständig zu erfassen, darzustellen, zu bewerten und entsprechende Gegenmaßnahmen vorzubereiten bzw. einzuleiten.

DEFINITION RISIKEN

Risiken sind Ereignisse oder voraussichtliche Entwicklungen, die mit einer bestimmten Wahrscheinlichkeit den geplanten Projektverlauf in unterschiedlichem Ausmaß stören, wie wirtschaftliche oder fachliche Risiken.

Wie ist die Vorgehensweise bei der Risikoanalyse? ?

1. Risiken identifizieren

Der erste Schritt der Risikoanalyse ist die Risikofindung. Ziel ist es, alle denkbaren Gefahren für den Projekterfolg zu identifizieren.

Hilfsmittel: Kreativitätstechniken, Expertenbefragung, Analyse früherer Projekte

Übersicht über typische Projektrisiken:

Terminrisiken
Termindruck durch unzuverlässige Lieferanten, Falsch- oder Mängellieferungen, Ausfall von Projektmitarbeitern, terminliche Abhängigkeiten, Nichteinhaltung zugesagter Termine, zu optimistische Planung

Risiken im Projektumfeld
Steht das Management hinter dem Projekt? Gibt es Gegner des Projektes? Sind Marktveränderungen oder gesetzliche Veränderungen während der Projektlaufzeit zu erwarten? Welche Abhängigkeiten gibt es? Besteht fehlende Akzeptanz bei den potenziellen Nutzern des Produktes?

Technische Risiken
Hardwareausfälle, Softwareprobleme, Serverausfall, Ausfall von technischem Personal

Typische Risiken bei der Projektplanung

Kostenrisiken
Schlechte (zu optimistische Schätzung) von Aufwänden und/oder Kosten, unerwartete Kosten, Budgetkürzungen

Organisatorische Risiken
Wichtige Aktivitäten werden vergessen oder übersehen, Definition von überflüssigen Arbeitspaketen weil Ziel nicht klar genug vorgegeben, mangelnde Unterstützung durch die Geschäftsleitung, Fehlbesetzung der Projektgruppe

Personelle Risiken
Interpersonelle Konflikte zwischen Teammitgliedern, schlechtes Gruppenklima, kein Gruppenzusammenhalt, fehlende Motivation der Projektmitarbeiter, Mitarbeiter sind nicht ausreichend verfügbar oder sie besitzen nicht die erforderlichen Qualifikationen, schlechter Projektleiter, Ausfall von Projektmitarbeitern durch Krankheit oder Kündigung

2. Risiken bewerten und nach Priorität sortieren

Risiko nach Eintrittswahrscheinlichkeit und Auswirkung/Risikofolgen bewerten.

Fragestellungen:

- Ist das Risiko hoch?
- Sind die Risikofolgen/Auswirkungen hoch?

Hinweis:

Die Bewertung der Risiken erfolgt anhand der Kriterien „Eintrittswahrscheinlichkeit" und „Auswirkungen".

Ein Risiko ist immer dann ein hohes Risiko, wenn folgende zwei Eigenschaften erfüllt sind:

1. Die Wahrscheinlichkeit, dass das Risiko eintritt, ist hoch.
2. Die Auswirkungen bei Eintreten des Risikos sind hoch.

D.h., hohe Eintrittswahrscheinlichkeit plus schlimme Folgen ergibt eine hohe Priorität.

3. Risiken minimieren

Identifizierung von Risiko minimierenden Maßnahmen wie Vorbeuge- und Gegenmaßnahmen.

Fragestellungen:

- Welche Möglichkeiten gibt es, um ein Risiko zu vermindern?
- Ist das Risiko beherrschbar?

Maßnahmen zur Beherrschung von Risiken:

- Eintrittswahrscheinlichkeit reduzieren
- Auswirkungen bei Eintreten eines Risikos mindern

Zeitpunkt der Maßnahmen:

- Risikominimierung im Vorfeld,
  wie das Einführen eines Frühwarnsystems durch tragfähige Problemindikatoren, Entwicklung von Handlungsalternativen
- Korrektiv-Maßnahmen,
  wie Notfallplanung, Entscheidung für Handlungsalternative

4. Risiken managen/ Prüfung der Auswirkungen auf die Projektplanung

Vorsorgendes Risiko-Management:

- Wenn Vorsorge möglich, dann Vorsorge treffen
- Frühzeitiges Erkennen von Fehlentwicklungen
  z.B. durch das Überwachen von Problemindikatoren bzw. das Einführen eines Frühwarnsystems
- Planen von Alternativen
  z.B. Notfallplanung, Entscheidung für Handlungsalternativen
- Rechtzeitig Gegenmaßnahmen einleiten
  wie Umverteilung von Ressourcen, Verzögerung von Vorgängen, Ausnützen von Pufferzeiten, Beschaffung neuer Ressourcen
- Evtl. Anpassung des Projektplans und seiner Teilpläne

  Beachte:

  Die Durchführung von Gegenmaßnahmen hat Auswirkungen auf den zugrundeliegenden Projektplan. So führt z.B. die Akquisition neuer Mitarbeiter zu höheren Kosten, die im Projektplan berücksichtigt werden müssen.

BEACHTE

- Allein die gedankliche Beschäftigung mit möglichen Risiken verkürzt die Reaktionszeit beim tatsächlichen Eintreten erheblich!
- Ein Projekt ohne jedes Risiko wird es nicht geben. Wichtig ist, sich der Risiken, die das Projekt birgt, bewusst zu sein. Nicht keine, sondern die richtigen Risiken sind zu tragen!

5.4 Ziele und Inhalte der Projektsteuerung

Nach der Projektplanung geht es jetzt darum, das Projekt durchzuführen und zu steuern.

5.4.1 Grundsätze der Projektsteuerung

DEFINITION PROJEKTSTEUERUNG

Unter der Projektsteuerung versteht man alle Maßnahmen, die dazu dienen, den tatsächlichen Projektverlauf mit der ursprünglichen Planung in Einklang zu bringen.

Die Projektsteuerung dient der Überwachung, Steuerung und Lenkung der Projektabwicklung (→ **Regelkreis der Projektsteuerung**).

Ziel der Projektsteuerung:

Ziel der Projektsteuerung ist die erfolgreiche Projektabwicklung,
und zwar die möglichst genaue Projektrealisierung innerhalb des vorgegebenen Kosten-, Qualitäts- und Terminrahmens.

Die Projektsteuerung orientiert sich immer an den Projektzielen und versucht Abweichungen zu vermeiden.

? **Welche Projektsteuerungsinstrumente gibt es?**

- Reporting/Berichtswesen/Projektdokumentation
- Netzplantechnik, Projektstrukturplan, Balkendiagramm
- Vergabe von Meilensteinen
- Projektcontrolling

  Unter Projektcontrolling versteht man nach DIN 96904 Prozesse und Regeln, die innerhalb des Projektmanagements zur Sicherung des Erreichens der Projektziele beitragen

  Controlling-Instrumente:

  Soll-Ist-Vergleich, laufende Projektüberwachung

5.4.2 Aufgaben und Bereiche der Projektsteuerung

Die Bereiche der Projektsteuerung sind:

- Projektplanung,
- Projektdurchführung und
- Projektkontrolle.

Aufgabe der Projektsteuerung ist ein ständiger Soll-Ist-Vergleich, um Abweichungen frühzeitig festzustellen, zu analysieren und zu beheben.

1. Planungs-Soll/Soll-Zustand
   Sollwerte sind die beschriebenen Ziele der Projektplanung
2. Ist-Zustand
   Ist-Werte sind die tatsächlich erreichten Ergebnisse, Termine, Kosten
3. Soll-Ist-Vergleich
   Abgleich, ob der Ist-Zustand dem Soll-Zustand entspricht
4. Evtl. Korrekturen/Änderung der Projektplanung bei Abweichungen

BEACHTE

Der Erfolg der Projektsteuerung ist sehr wesentlich von der zeitnahen Erfassung aller Daten abhängig.

5.4.3 Aufgaben und Verantwortung der Projektbeteiligten für die Projektsteuerung

Aufgaben der Projektmitarbeiter:

Durchführung der Aufgaben und Erarbeitung der Projektergebnisse durch arbeitspaketverantwortliche Projektmitarbeiter, sowie

- Einholen der notwendigen Informationen für die übernommenen Projektaufgaben
- Mitwirkung bei der Projektplanung
- Wahrnehmung der fachlichen und organisatorischen Interessen der einzelnen Abteilungen
- Koordination des Informationsaustausches zwischen der Projektgruppe und den jeweiligen Abteilungen
- Meldung von sachlichen oder zeitlichen Planabweichungen
- Erstellen der Berichte und Dokumente gemäß den Projektstandards

Aufgaben des Projektleiters:

Steuerung und Controlling des Projektes mit dem Ziel einer planmäßigen Abwicklung, insbesondere

- Steuerung und Koordination der Projektaktivitäten auf der Basis des Projektplanes

  Bsp.:

  Zuordnung von Ressourcen, die Durchführung von Besprechungen, die Zuteilung konkreter Aufgabenpakete, die Anleitung der Mitarbeiter, Fällen von relevanten Entscheidungen
- Koordination der Zusammenarbeit
- Überprüfung und Überwachung des Projektstatus und des Projektfortschritts auf der Basis eines laufenden Soll-Ist-Vergleichs

  Bsp.:

  Inhaltliche Leistungsüberwachung, Terminüberwachung, Kostenüberwachung, Einholen von Informationen über den Projektverlauf, Identifizieren der kritischen Pfade und Ressourcenengpässen, Aufzeigen von Problemen und Risiken
- Klärung von Art der Abweichung und Ursachen der Abweichung
- Entwicklung und Einleitung von Gegensteuerungsmaßnahmen, um den analysierten Abweichungen entgegen wirken zu können

  Bsp.:

  Steuernde Maßnahmen bzw. Entwicklung von Handlungsalternativen, Einleiten von Gegenmaßnahmen und anschließende Durchführung einer Wirksamkeitskontrolle (Soll-Ist-Vergleich)
- Aufbereiten (Auswerten und Dokumentieren) der Projektdaten zum Projektverlauf
- Durchführung eines Berichtwesens zum Projektstand:

  Wichtige Angaben in einem solchen Statusbericht sind insbesondere …

  → Prognose zur Einhaltung der Inhalts-, Kosten- und Terminziele

  → Entscheidungsbedarf
- Präsentationen von Teilergebnissen und des Projektstandes in einer Projektgruppensitzung

  Ziel der Projektgruppensitzungen ist es, den Status des Projektes gemeinsam mit dem Projektteam (Projektleitung, Projektteammitglieder) zu besprechen.
- Abnahme von Arbeitspaketen

5.4.4 Aufgaben der Projektleitung im Konfliktmanagement

Der richtige Umgang mit Konflikten im Projekt ist wichtig für den Projekterfolg.

DEFINITION KONFLIKT

Ein Konflikt liegt vor, wenn gegensätzliche Verhaltensweisen, Meinungen oder Ziele zwischen zwei Personen aufeinanderprallen (= **interpersoneller Konflikt**) **oder** wenn man sich innerhalb der Person zwischen einander widersprechenden Motiven und Interessen entscheiden muss (= **intrapersoneller Konflikt**).

BEACHTE

Konflikte sind normal!

Konflikte sind unvermeidbar und gehören zum Alltag im Projektmanagement, denn Mitarbeiter sind unterschiedlich und zeigen eigene Vorstellungen, Absichten und Verhaltensweisen, die mit denen von anderen Menschen häufig nicht übereinstimmen.

Aber, Probleme bereitet zumeist nicht der Konflikt, sondern die Unfähigkeit, den Konflikt zu bewältigen. Entscheidend ist daher, wie der Projektleiter mit der Konfliktsituation umgeht.

Es ist von größter Wichtigkeit, dass der Projektleiter Konflikte als normal bewertet. Weiterhin muss er im Bearbeiten von Konflikten geschult sein, denn es ist Aufgabe des Projektleiters, Differenzen zu steuern und zu regeln.

Welche möglichen Konflikte können bei Projekten auftreten? ?

- Neue unbekannte Projekt-Kollegen
- Ein äußerst anspruchsvolles Projektziel oder unrealistische Zielsetzung des Projektes, die demotivierend sind
- Eine ungewisse Zukunft der Projektmitarbeiter
- Ungerechte oder nicht transparente Verteilung der Aufgaben und Kompetenzen im Projekt
- Konkurrenz unter den Projektmitarbeitern
- Leistungsunterschiede im Team
- Unterschiedliche Auffassung über den Weg zum Ziel
- Schwierigkeiten bei der Integration von Mitgliedern im Projektteam
- Negative Wechselbeziehungen mit anderen Projekten
- Entscheidungen werden nicht auf rationaler Basis getroffen, sondern mit „Bauchgefühl“

? Welche Arten von Konflikten gibt es bei Projekten?

Beziehungskonflikte	■ Bei den Projektbeteiligten besteht Uneinigkeit über das Miteinander, es bestehen unterschiedliche Gefühle bei den Mitarbeitern. ■ Beziehungskonflikte entstehen z.B. durch Autoritätskonflikte, Machtkonflikte, Rivalitäten, Aversionen, unterschiedliche, persönliche Zielsetzungen, unterschiedliche Gefühle wie Antipathie, Misstrauen, Vorurteile etc. ■ Meistens begleiten Beziehungskonflikte die Sachkonflikte. Wichtig ist, dass zuerst tragfähige Beziehungen hergestellt werden müssen, bevor der Sachkonflikt bearbeitet werden kann. ■ Lösung: → Positiver offener und fairer Umgang im Projektteam → Respekt und Wertschätzung untereinander → Konflikte haben Vorrang, d.h., Konflikte sofort und direkt ansprechen und bearbeiten
Sachkonflikte	**Es gibt folgende Sachkonflikte:** ■ **Zielkonflikte**, d.h., es besteht Uneinigkeit über die Ziele Lösung: → Ziele bei Projektplanung operationalisiert formulieren, → Wert auf gute Zielformulierung legen ■ **Beurteilungskonflikte**, d.h., es besteht Uneinigkeit über die Wege durch unterschiedliche Informationen und Informationsbearbeitung bzw. durch unterschiedliche Methoden zur Zielerreichung Lösung: → Gutes Informationsmanagement und Informationstransparenz ■ **Verteilungskonflikte**, d.h., es besteht Uneinigkeit über die Ressourcen durch Diskrepanz zwischen verfügbaren Mitteln und Ansprüchen Lösung: → Gute Ressourcenplanung, → Begrenzung der Ressourcen mildern
Wertekonflikte	■ Bei den Beteiligten bestehen unterschiedliche Werte/Wertesysteme und Normen, z.B. soziale, politische, religiöse Werte ■ Lösung: → Spielregeln der Zusammenarbeit vereinbaren, → gemeinsame Werte und Normen im Unternehmen bzw. im Projektteam verankern und durchsetzen

Wie kann der Projektleiter Konflikten vorbeugen? ?

- Respekt und Wertschätzung sowie positiver, offener, fairer und angemessener Umgang mit den Projektteammitgliedern
- Vertrauen in die Teammitglieder haben
- Konflikte direkt ansprechen und bearbeiten
- Kooperativer Führungsstil
- Intensivierung der Kommunikation und des Informationsaustauschs, aktives Zuhören
- Konstruktive Kritik
- Konsens anstreben, wenn möglich
- Transparenz
- Gut vorbereitete Projektbesprechungen
- Spielregeln der Zusammenarbeit gemeinsam vereinbaren
- Erfahrungen vergangener Projekte miteinbeziehen
- Beteiligung der Teammitglieder
- Schulung der Teammitglieder
- Realistische Projektzielsetzung

Welche Möglichkeiten gibt es, den Konflikt zu handhaben? ?

- Durchsetzung
  Eine Konfliktpartei ist bestrebt ihre Vorstellungen auf Kosten der Gegenpartei durchzusetzen → **Kampf**
- Kompromiss
  Bereitschaft einer Konfliktpartei der anderen entgegenzukommen → **Verhandlung**
- Vermeidung
  Der Konflikt wird nicht gelöst, sondern verdrängt, indem er lediglich auf einen späteren Zeitpunkt vertagt wird → **Rückzug**
  Problem:
  Der Konflikt könnte zu dem späteren Zeitpunkt bereits eskaliert sein, sodass eine Lösung nicht oder kaum mehr möglich ist
- Kooperative Strategie
  Es besteht Einigkeit zwischen den Konfliktparteien, dass die Konfliktursache auf beiden Seiten liegt und auch beide Seiten betrifft → **Konsens finden**

? Nach welcher Strategie sollte der Projektleiter zur Bewältigung des Konfliktes vorgehen?

1. **Ermittlung des Sachverhaltes/Klärung der Ausgangslage**

   Was ist vorgefallen? Wer ist beteiligt? Wie, wann und warum ist der Konflikt entstanden? Was sind die Konfliktpunkte? Welchen Verlauf hat der Konflikt genommen? Wie äußert sich der Konflikt? Welche Konfliktart liegt vor?

2. **Erforschung der Ursachen und Zusammenhänge/Herausarbeiten des Konfliktes**

   Wie sehen die Konfliktpositionen aus? Mit welchen Mitteln wird der Konflikt unterstützt? Wie stehen die Beteiligten zum Konflikt? Was wurde von den Beteiligten unternommen, um ihn zu lösen?

   Ziel ist es, Konsens zwischen den Konfliktparteien herzustellen.

   Beachte:

   Der Projektleiter darf keine Partei ergreifen oder ein Urteil fällen. Er muss als neutraler Moderator/Mediator beim Konfliktgespräch agieren.

3. **Gemeinsame Konfliktlösung suchen**

   Beiderseits tragbare Lösungen sammeln, z.B. im Rahmen eines Brainstormings

4. **Vereinbaren der geeigneten Wege und Maßnahmen**

   Bewertung der Lösungsmöglichkeiten und gemeinsame Entscheidung durch die Konfliktparteien für die beste Lösung.

   Beachte:

   win-win-Lösung,
   d.h., es darf keinen Verlierer geben, die Lösung muss die Interessen beider Parteien berücksichtigen.
   Wege und Maßnahmen zur Behebung des Problems festlegen.

   → **Wer macht was, bis wann und wie?**

5. **Ausführung und Kontrolle der Maßnahmen**

? Was versteht man unter einer Verhandlung?

Verhandlungen dienen dem Ausgleich zwischen einander widersprechenden Interessen. Sie können auch zur Vermeidung oder zur Lösung eines Konfliktes dienen. An Verhandlungen können zwei oder mehrere Parteien beteiligt sein.

Charakteristisch für eine Verhandlung ist die Bereitschaft der beteiligten Parteien, auf friedliche Weise zu einem Kompromiss oder sogar zu einem Konsens zu gelangen. Um dies zu erreichen, müssen die Verhandlungspartner zu Zugeständnissen oder zum Interessenausgleich bereit sein.

Eine erfolgversprechende Verhandlungsführung ist das Harvard-Konzept.

Wie erfolgt die Verhandlungsführung nach dem Harvard-Konzept? ?

Das Harvard-Konzept – entwickelt von Roger Fisher, William Ury und Bruce Patton – bietet eine Methode des sachbezogenen Verhandelns, die zu effizienten Abläufen sowie zu vernünftigen Übereinstimmungen führt. Des Weiteren pflegt es das Verhältnis zwischen den Parteien.

Die Harvard-Methode stützt sich auf vier Grundaspekte:

1. **Menschen**	Menschen und Probleme getrennt behandeln
2. **Interessen**	Konzentration auf Interessen, nicht auf Positionen
3. **Möglichkeiten**	Vor dem Entscheiden verschiedene Wahlmöglichkeiten entwickelnd aufbauen
4. **Kriterien**	Das Ergebnis auf objektiven Entscheidungsprinzipien aufbauen

5.5 Zweck und Inhalt des Projektabschlusses

DEFINITION PROJEKTABSCHLUSS

Der Projektabschluss ist nach DIN 69905 das **formale Ende** (also der offizielle Schlusspunkt) eines Projektes. Danach fallen keine Aufwände für die Erreichung des Projektziels mehr an.

Beim Projektabschluss geht es darum, Projekte richtig zu beenden und gezielt auszuwerten.

? **Welche Ziele hat die Projektabschlussphase?**

Ziele der Abschlussphase:

- Beurteilung und Abnahme der Projektergebnisse durch den Auftraggeber
- Entlastung der Projektleitung von ihrer Verantwortung
- Auflösung des Projektteams
- Reflexion der Zusammenarbeit im Projekt, Resümee ziehen und Erfahrungssicherung für zukünftige Projekte
  - → Was hat jeder aus dem Projekt gelernt?
  - → Was nehmen wir als Erfahrungen für zukünftige Projekte mit?
- Erfahrungen dienen als Wissensbasis für die zukünftige Projektarbeit

5.5.1 Ursachen für die Beendigung eines Projekts

? **Wann endet ein Projekt?**

Das Projektende tritt ein bei …

- **Erreichen des Projektziels**

  Ein Projekt ist abgeschlossen, wenn das Projektziel erreicht ist.
- **Abbruch eines Projekts**

  Nach DIN 69905 versteht man unter einem Projektabbruch das Einstellen der Projektabwicklung vor Erreichen der Projektziele mit dem Willen, das Projekt nicht weiterzuführen.

  Es ist bitter, wenn ein Projekt abgebrochen werden muss, aber in manchen Fällen ist es die beste Lösung, und zwar, wenn eine Fortführung nicht mehr sinnvoll erscheint.

Welche Ursachen können einen vorzeitigen Abbruch des Projektes begründen? ?

- Zieländerungen beim Auftraggeber
- Rahmenbedingungen ändern sich
- Erfolglosigkeit bei der Erarbeitung der Projektlösung
- Projektlösung missfällt dem Auftraggeber
- Projektdauer und/oder Projektkosten sind zu hoch
- Aufwand steht in keinem Verhältnis zum Ertrag bzw. zum Nutzen
- Mangel an Ressourcen
- Unrealistische Erwartungen des Auftraggebers
- Falsch definierte Projektziele
- Konflikte innerhalb des Projektteams
- Mangelhafte Planung
- Beendigung des Projektes durch den Auftraggeber

BEACHTE

Auch vorzeitig beendete Projekte müssen formell mit einer **Abschlussdokumentation** abgeschlossen werden.

Gründe:

- Zuordnung der Verantwortung und
- Weitergabe der Erfahrungen

5.5.2 Maßnahmen zum Projektabschluss

Dem geordneten Projektabschluss, als letzte Phase des Projektlebenszyklus, fällt eine hohe Bedeutung zu.

Welche Aufgaben hat der Projektleiter beim Projektabschluss? ?

Der Projektleiter nimmt beim Projektabschluss folgende Aufgaben wahr:

- Überprüfen der Abnahmebedingungen aus dem Projektauftrag und aus dem Projektqualitätsplan, Vergleich der erreichten Ziele mit den Vorgaben des Auftraggebers

- Offizielle Übergabe der Projektergebnisse an den Auftraggeber
- Präsentation des Projektergebnisses in einer Abschlusssitzung beim Auftraggeber und der Unternehmensleitung
- Abnahme des Projektes durch den Arbeitgeber
- Erstellen und Übergabe des Projektabschlussberichtes
  - → Unter dem Projektabschlussbericht versteht man den schriftlichen Bericht des Projektleiters mit einer Zusammenfassung des Projektverlaufs, also eine schriftliche, zusammenfassende Darstellung von Aufgaben, erzielten Ergebnissen, Zeitaufwand, Kostenaufwand, Personalaufwand sowie ggf. mit Hinweisen oder Vereinbarungen von Anschlussprojekten und/oder für die Nachprojektphase (Beachte: bei der Nachprojektphase werden die nach Projektende zu erfüllenden Aufgaben geplant und deren Zuständigkeiten geregelt)
  - → Der abschließende Projektbericht wird federführend von der Projektleitung erstellt und dient der schriftlichen Dokumentation der Projektarbeit und der Projektergebnisse
  - → **Inhalt des Projektabschlussberichtes:**
    - Projektbeschreibung (Projektziele, Inhalte, Rahmenbedingungen)
    - Unterlagen der Projektplanung (wie PSP, Terminplan, Kostenplan) zum Zeitpunkt des Projektstarts
    - Projektrealisierung (Projektänderungen, Controlling-Maßnahmen, Probleme und Störungen während der Durchführung, Erfahrungen)
    - Unterlagen der Projektplanung zum Zeitpunkt des Projektendes
    - Abschlussanalyse zur Erfüllung der Projektziele (Soll-Ist-Vergleich in Bezug auf Qualität, Kosten, Zeit)
    - Vorschlag zu weiterem Vorgehen (z.B. Folgeprojekte, Umsetzung)
    - Anregungen für künftige Projekte (lessons learned)
    - Unterschrift aller Projektverantwortlichen
  - → Kopien des Projektabschlussberichtes werden allen leitenden Projektbeteiligten zur Verfügung gestellt
- Auflösung der Projektorganisation und der Ressourcen, Aufträge abrechnen und schließen
- Reintegration der Teammitglieder in die Linie rechtzeitig vorbereiten
- Daten- und Dokumentenarchivierung (Rückfragen, Garantie, Haftung etc.)
- Betriebswirtschaftliche Auswertung und Nachkalkulation
- Zufriedenheit des Auftraggebers in Erfahrung bringen
- Abschlussgespräch mit den Projektbeteiligten führen, Feedback der Mitarbeiter zum Projekt einholen
- Resümee aus dem zurückliegenden Projektverlauf ziehen, mit den Zielen
  - → der Weitergabe der gewonnenen Erfahrungen an Kollegen und Mitarbeiter
  - → der Dokumentation der Erfahrungen zur Erfahrungssicherung für zukünftige Projekte und zur zukünftigen Fehlerreduzierung
- Dank an die Projektteammitglieder und Würdigung ihrer Leistungen

Was versteht man unter einer Projektabschlusssitzung? ?

Eine Projektabschlussitzung, auch Projektabschlussmeeting oder Projektabschluss-Workshop genannt, stellt das formelle Projektende dar. Sie dient dazu, die gemachten Erfahrungen auszuwerten und die gewonnenen Erkenntnisse so zu sichern, dass sie für zukünftige Projekte verwendet werden können.

Hinweis:

Üblicherweise werden an der Sitzung teilnehmen:

- der Auftragggeber,
- Vertreter der Unternehmensleitung,
- Mitglieder des Steuerungsausschusses,
- alle beteiligten Externen,
- der Projektleiter und
- das gesamte Projektteam.

Welche Fragen sind bei der Analyse der Projektergebnisse und des Projektverlaufes zu stellen? Und wie könnte eine Agenda für eine Projektabschlusssitzung aussehen? ?

Typische Fragen, die bei der Analyse der Projektergebnisse und des Projektverlaufes zu stellen sind:

- Wie gut war die Projektorganisation und die organisatorische Einbindung des Projektes in das Unternehmen?
- Wie ist das Projektmanagement und die Teamarbeit zu bewerten?
- Inwieweit wurde das Projektziel erreicht? Was wurde nicht erreicht? Was wurde besser als geplant?
- Welche unerwarteten fachlichen Schwierigkeiten traten auf und wie haben diese den Erfolg beeinträchtigt?
- Was kann als besonderer Erfolg gewertet, was muss als Misserfolg verbucht werden?
- Was hat Kosten verursacht, die vorher nicht eingeplant waren?
- Welche Rolle hat der Kunde/der Auftraggeber für den Projekterfolg gespielt oder welche Schwierigkeiten kamen von dieser Seite?
- Welche Erfahrungswerte können für zukünftige Projekte geschlussfolgert werden? Was wurde aus dem Projekt gelernt? Was müsste beim nächsten Mal anders bzw. besser gemacht werden?

Agenda einer Projektabschlusssitzung:

1. Begrüßung
2. Vorstellung der erreichten Projektergebnisse
3. Vergleich der realisierten Leistungsmerkmale mit dem Anforderungskatalog bzw. Pflichtenheft
4. Gegenüberstellung der geplanten mit den erreichten Terminen sowie der Plan- und Istwerte von Aufwand und Kosten,
5. Darstellung der durchgeführten Qualitätssicherungsmaßnahmen
6. Vorstellung projektspezifischer Kennzahlen (z.B. Produktivitäts- und Wirtschaftlichkeitsdaten)
7. Analyse und Begründung von aufgetretenen Planabweichungen
8. Auswertungsergebnisse einer durchgeführten Kundenbefragung
9. Erläuterung der Daten- und Dokumentenarchivierung
10. Erläuterung des Personal-Überleitungsplans
11. Vorlage eines Ressourcen-Verwertungsplans
12. Entwurf einer Beschlussvorlage

? **Was versteht man unter "Lessons Learned"? Und was sind dessen Ziele?**

DEFINITION LESSONS LEARNED

Lessons Learned (engl.) = gewonnene Erkenntnisse, gesammelte Erfahrungen

Bei Lessons Learned geht es darum, erworbene Erfahrungen, Erkenntnisse, Hinweise und Risiken aus einem Projekt systematisch zu sammeln, zu verdichten, zu bewerten, zu dokumentieren, zu sichern, sowie Mitarbeitern zugänglich zu machen.

Hinweis:

Lessons Learned ist ein Fachbegriff des Projektmanagements.

Ziele des Lessons Learned:

- Sicherung des durch die Projektarbeit erworbenen Wissens
- Fehler zu vermeiden
- Risiken zu verringern
- Chancen zu nutzen
- Qualität zu steigern
- Aus Fehlern zu lernen

- Entwicklung einer produktiven Lernkultur, in der Fehler als Chance für Verbesserungen gesehen werden
- Zugänglich machen von Projektwissen für alle im Unternehmen
- Verbesserung der Qualität zukünftiger Projektarbeit sowie von Geschäftsprozessen

Was ist bei der Aufbereitung und Aufbewahrung von Daten und Dokumenten zu beachten? ?

Während der Projektbearbeitung entstehen eine Reihe von Dokumenten und Daten, die nach der Übernahme durch den Auftraggeber hinfällig werden.

Bei der Aufbereitung und Aufbewahrung von Daten und Dokumenten sind folgende Punkte zu beachten:

- Vernichtung vertraulicher Unterlagen
- Rückgabe geliehener Unterlagen und Arbeitsmittel
- Entsorgung unwesentlicher Dokumente
- Aufräumen und Sortieren der DV-Ordner
- Zentrale Archivierung von neuen Arbeitsgrundlagen und –methoden
- Kennzeichnung der Unterlagen bzw. Ordner gemäß Aufbewahrungsfristen
- Veranlassung der Archivierung mit Verzeichnis

6

Auswählen und Anwenden von Informations- und Kommunikationsformen einschließlich des Einsatzes entsprechender Informations- und Kommunikationsmittel

Strukturierung der schriftlichen Prüfung	15%

6.1 Kommunikation und Information

Kommunikation und Information sind heute für den Unternehmenserfolg unerlässlich und zu den wichtigsten Faktoren geworden. Denn nur der informierte Mitarbeiter kann zielgerichtet mitarbeiten und mitdenken und ist motiviert.

Information und Kommunikation gehört zu den wichtigsten und tragenden Führungsinstrumenten.

DEFINITION KOMMUNIKATION

communicare (lat.) = teilen, mitteilen, teilnehmen lassen, gemeinsam machen, vereinigen

Kommunikation ist die Verständigung, die Übermittlung oder Mitteilung von Informationen und die Übertragung von Bedeutungsinhalten. Gleichzeitig bildet sie eine soziale Einheit durch die Verwendung von Zeichen und Sprache.

DEFINITION INFORMATION

informare (lat.) = darstellen, formen, gestalten

„Information" wird im allgemeinen Sprachgebrauch gleichgesetzt mit den Begriffen Wissen, Auskunft, Nachricht, Mitteilung, Erkenntnis oder Erfahrung.

Im betrieblichen Sinne ist „Information" die **zweckbestimmte Interpretation von Daten durch den Menschen**, die im Unternehmen übermittelt, verarbeitet und gespeichert werden.

? **Was versteht man unter der betrieblichen Kommunikation und welche Ziele verfolgt diese?**

Unter der betrieblichen (= internen) Kommunikation versteht man die verbale und nonverbale Kommunikation zwischen Mitarbeitern.

Ziele der betrieblichen Kommunikation:

- Optimierung organisatorischer Abläufe (→ Effizienz)
- Gewährleistung, dass alle beteiligten Stellen mit den erforderlichen Informationen zeitnah, reibungslos und personenunabhängig versorgt werden
- Verkürzung der Informationswege
- Beschleunigung des Informationsflusses

- Richtiger Umgang mit Informationen, Austausch (→ Dialog)
- Motivation und Bindung der Mitarbeiter
- Schutz des Informationssystems gegen Störungen
- Verbesserung der Kommunikationsstrukturen im Unternehmen
- Grundlage für die Abstimmung und Erfüllung von Organisations– und Koordinationsaufgaben

6.1.1 Grundlagen von Formen

DEFINITION INFORMATIONSFLUSS

Unter einem Informationsfluss versteht man die Gesamtheit der Informationen, die die Unternehmung auf Informationswegen und -kanälen durchlaufen.

Aktuelle und zutreffende Informationen, betriebswirtschaftlicher oder technischer Art, sind für das Funktionieren aller Unternehmensbereiche notwendig. Sie sind die Voraussetzung für einen schnellen und reibungslosen Ablauf.

Phasen des Informationsflusses:

Von der Aufnahme bis hin zur Verarbeitung und Abgabe durchlaufen Informationen folgende Phasen:

Informationen aufnehmen	Die strukturierte Aufnahme hängt von organisatorischen Vorgaben sowie der Qualifikation und Sorgfalt der Mitarbeiter ab. Voraussetzung ist insbesondere die Kenntnis und Nutzung der wichtigsten Informationsquellen.
Informationen vorspeichern	Die Informationen werden vom Empfänger aufgenommen und vorab abgespeichert, z.B. Formulare werden ausgefüllt. Das bedeutet, dass sie zunächst zur Kenntnis genommen werden, welches die Basis für eine Weiterverarbeitung der Informationen ist. Voraussetzung für die Vorspeicherung ist ein klares Raster (z.B. Checkliste, Formular, Telefonnotiz), um alle wichtigen Elemente zu erfassen.
Informationen verarbeiten	Bei der Informationsverarbeitung werden aufgenommene Informationen einer Analyse unterzogen. Sie werden inhaltlich ver- und bewertet und damit an die zu erreichenden Ziele ausgerichtet. Die Informationsverarbeitung ist abhängig von der Qualität der Informationsaufnahme und der Fähigkeit, die gewonnenen Informationen in Zusammenhang mit den zu erreichenden Zielen zu bringen und produktiv auszuwerten.

Informationen nachspeichern	Die eingesetzten und verwerteten Informationen werden daraufhin gespeichert. Für die Informationsspeicherung ist ein systematisches Ordnungs- und Ablagesystem Voraussetzung. ■ Was muss gesammelt werden? ■ Wer soll Zugang haben?
Informationen weiterleiten/ abgeben	Hierbei geht es um den Austausch der Informationen mit anderen. Jedoch ist die Informationsweiterleitung von Organisationsform und Betriebsklima bestimmt.

? **Welche Kommunikationsformen gibt es?**

Man unterscheidet folgende zwei Formen der Kommunikation:

Verbale Kommunikation	Nonverbale Kommunikation
verbal = in Worten Es geht um den **sprachlichen Inhalt von Nachrichten**, den Wortschatz, die Wortwahl, Satzbauregeln, Grammatik etc.	non-verbal = ohne Worte Es geht um die **Verhaltensäußerungen einer Nachricht**.
Bsp.: Sprache und Texte	Bsp.: Gestik, Blickverhalten, Mimik, Körperhaltung, Tonhöhe, Lautstärke, Kleidung, Modulation, Sprechtempo, Pausen, räumliches Distanzieren, Körperkontakt etc.

BEACHTE

In Gesprächen sind in der Regel die **nonverbalen Botschaften mächtiger** als die verbalen. Sobald nonverbale Signale nicht kongruent (= übereinstimmend) mit den verbalen Aussagen sind, wertet der Kommunikationspartner die nonverbalen Botschaften als die relevanteren.

6.1.2 Grundlagen von Techniken

Was versteht man unter dem einfachen Kommunikationsmodell (= Sender-Empfänger-Modell)? ?

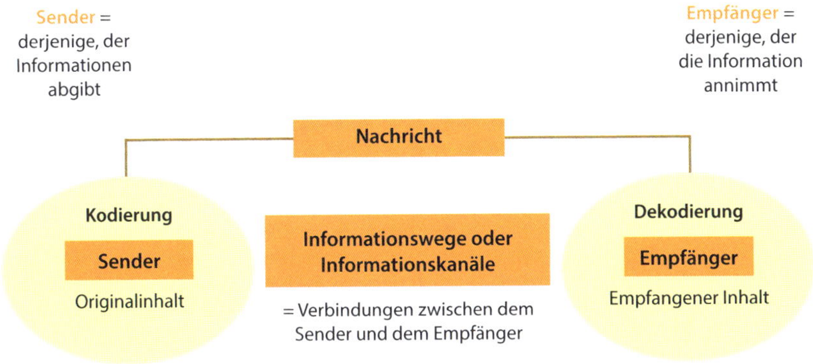

Kommunikation bedeutet, dass eine Person (= Sender) verschlüsselte Zeichen als Nachricht übermittelt, die eine andere Person (= Empfänger) entschlüsseln kann.

BEACHTE

- Kodierung erfolgt unbewusst z.B. durch Verwendung von Dialekten, Fremdwörtern, Fachbegriffen.
- Eine erfolgreiche Informationsvermittlung setzt voraus, dass es zu keinen Störungen kommt und dass **Empfänger und Sender die jeweiligen Signale gleich deuten**, indem sie z.B. dieselbe Sprache sprechen.
- Die Führungskraft ist verantwortlich, dass ihre Mitarbeiter die notwendigen Informationen zur mittelbaren und unmittelbaren Arbeitserledigung erhalten.

Was versteht man unter dem „Vier-Seiten-einer-Nachricht Modell" nach Friedemann Schulz von Thun? ?

Das Vier-Seiten-Modell ist ein Kommunikationsmodell, nach dem jede Nachricht vier Botschaften enthält. Jeder Sender, ob er dies beabsichtigt oder nicht, sendet immer gleichzeitig alle diese vier Botschaften aus.

Sachinhalt	Eine Nachricht enthält Sachinformationen, nämlich das, worum es in der Sache geht. Gerade im betrieblichen Umfeld steht die Sache zumeist im Vordergrund. ■ **Inhalt der Nachricht** ■ Worüber wird informiert?
Beziehung	Eine Nachricht zeigt auch, welche Beziehung zwischen Sender und Empfänger besteht. Sie besagt insbesondere, was der Sender von seinem Gegenüber hält. ■ **Was hält der Sender vom Empfänger? Wie steht der Sender zum Empfänger?** ■ Wie fühlt sich der Empfänger vom Sender behandelt durch die Art, wie dieser mit ihm spricht? Wie redet der Sender eigentlich mit dem Empfänger? Will er ihn bevormunden?
Selbstoffenbarung	Jede Nachricht enthält auch Informationen über den Sender. Der Sender gibt mit dem, was er sagt, wie er es sagt, was er tut oder unterlässt, immer auch etwas von sich selbst kund. ■ **Was tut der Sender über sich selbst kund?** Was sagt mir Deine Äußerung über den Sender aus? Was ist das für einer? Was ist im Augenblick mit ihm los?
Appell	Fast immer steht hinter einer Kommunikation auch eine Absicht. Der Sender will etwas beim Empfänger bewirken, etwas erreichen, Einfluss auf sein Denken und Handeln nehmen. ■ **Wozu will der Sender den Empfänger veranlassen?**

Der Empfänger hat die Aufgabe, die Botschaft zu entschlüsseln.
Je nach Beziehung zwischen Sender und Empfänger, Lernerfahrungen des Empfängers, situativen Bedingungen oder Vorerfahrungen mit dem Sender der Botschaft, wird der Empfänger einer Seite den Vorzug geben.

Aber, oft ist es dem Empfänger nicht bewusst, dass er eine Botschaft einseitig interpretiert.

? **Welche Bedeutung hat eine angemessene Fragetechnik für die Kommunikation?**

Die Fragetechnik ist ein wichtiges Hilfsmittel in der Kommunikation. Durch gezielte Fragen erhält man zum einen viele Informationen und zum anderen kann man das Gespräch in die gewünschte Richtung lenken, denn „wer fragt, der führt".

Die Fragetechnik dient dem Kommunikationsziel und ist damit - direkt oder indirekt - ein Führungsmittel.

BEACHTE

- „Gutes" Fragen bedeutet, die richtigen Fragen im richtigen Stil der richtigen Person zum richtigen Zeitpunkt zu stellen.
- Es ist nicht egal, wer was wann wie zu wem sagt!

Ziele des Fragens (= Anwendungsgebiete des Fragens):

- Hervorrufen von Denkanstößen beim Gesprächspartner
- Sammeln von Informationen oder von Sachantworten
- Fragen erweitern den Horizont und eröffnen den Blick für neue Erkenntnisse und kreative Lösungen
- Anregen zum kreativen Denken und zur Reflexion
- Diskussionen in Gang bringen, Ideenfindung
- Lenkung des Gesprächs in die gewünschte Richtung
- Missverständnisse aufdecken oder vermeiden sowie Zweideutigkeiten klären
- Zeitgewinn, z.B. bei schwierigen Moderationen
- Konkretisierung oder verständlich machen von Antworten (Bsp.: „Habe ich Sie richtig verstanden, dass ...")

Welche Fragetechniken/Fragearten können unterschieden werden? ?

Fragearten	Erläuterung	Beispiel
Offene Fragen	Offene Fragen kann man nicht mit „ja" oder „nein" beantworten. Es sind Fragen, bei denen offen ist, wie die Antwort des Gesprächspartners ausfällt. Sie bieten ein breites Spektrum an Antwortmöglichkeiten. Wir erfahren Wünsche und Meinungen unserer Gesprächspartner.	Wie sehen Sie diese Situation? Was können wir in Bezug auf die Arbeitssituation verbessern?
Geschlossene Fragen	Geschlossenen Fragen lassen nur vorher festgelegte Antworten zu. Die Antwortmöglichkeiten sind vorgegeben bzw. definiert, → entweder durch die Frage selbst (**Mehrfachwahlfragen** wie „wollen Sie a, b oder c?") → oder durch die explizite Nennung der zur Auswahl stehenden Antworten (**Alternativfragen** „ja oder nein?") **Beachte:** Geschlossene Fragen können ein Gespräch ersticken.	Kommen Sie zur betrieblichen Weihnachtsfeier?

Fragearten	Erläuterung	Beispiel
Suggestivfragen	Bei der Suggestivfrage versucht der Fragende seinen Gesprächspartner in seinem Sinne zu beeinflussen. Sie unterstellt eine bestimmte Meinung.	Sie als Experte sind doch sicher auch meiner Meinung, dass ...
Gegenfragen	Gegenfragen beantworten Fragen mit einer erneuten Frage. Vorteile: Durch die Gegenfrage kann man Zeit gewinnen und sie regt zum Nachdenken an	Wie meinen Sie das? Wie darf ich Ihre Frage verstehen?
Rhetorische Fragen	Rhetorische Fragen sind Fragen, die keiner Antwort bedürfen. Sie werden benutzt, um Zustimmung zu erhalten.	Sie finden doch auch, dass ...
Wiederholende Fragen	Die wiederholende Frage wiederholt die Argumente des Gesprächspartners im Sinne des **aktiven Zuhörens**. Man kann damit seinem Gegenüber zeigen, dass man ihn verstanden hat.	Habe ich Sie richtig verstanden, dass ...? Sie würden also sagen, der neue Auftrag ist ... ?
Richtungsweisende Fragen	Richtungsweisende Fragen veranlassen den Gesprächspartner in eine bestimmte Richtung zu denken und somit seinen Denkprozess zu steuern.	Was würden Sie sagen, wenn ...
Rangierfragen	Rangierfragen lenken die Aufmerksamkeit auf ein anderes Thema z.B. um von einem heiklen Punkt abzulenken.	Wollen wir nicht erst diesen Punkt besprechen?
Reine Informationsfrage	Reine Informationsfragen dienen der Beschaffung von Informationen. Der Gesprächspartner wird aktiviert, direkt und präzise zu antworten.	Wie viel kostet das? Wann ist das Meeting?
Einschätzungsfragen	Einschätzungsfragen werden eingesetzt, um die Meinung oder Einstellungen einzuholen. Hierbei geht es weniger um Informationen, sondern um die Stimmung einschätzen zu können.	Welche Partei wird ihrer Meinung nach die nächste Wahl gewinnen?

6.2 Betriebliche Kommunikation

Die zentralen Ausgangsfragestellungen der betrieblichen Kommunikation lauten:

- Wer sind die relevanten Zielgruppen?
  - → Worin besteht ihr tatsächlicher Informationsbedarf?
  - → Was wollen und was sollen die Beteiligten erfahren?
  - → In welcher Qualität, Aktualität und Detailtiefe sollen die Informationen übermittelt werden?
  - → Wie kann die Information am besten vermittelt werden?
- Wie sind die bestehenden internen Kommunikationsstrukturen aufgebaut?
- Welche Wege der Kommunikation stehen zur Verfügung?
- Wie kann der Austausch relevanter Informationen im Unternehmen sinnvoll erhöht bzw. angeregt werden?

Hinweis:

Die Antworten auf diese Fragestellungen bilden die Grundlage zur Erstellung eines Unternehmenskommunikationskonzeptes.

Im Kommunikationskonzept wird geregelt:

- Ziele
  - → Auf welche Weise sollen die Ziele erreicht werden?
- Kommunikationswege/Kommunikationsstrukturen
- Adressaten
- Kommunikationsbedarfe

Ziele der betrieblichen Kommunikation:

Die Ziele der betrieblichen Kommunikation werden in "6.1 Kommunikation und Information" auf Seite 230 ausführlich erläutert.

6.2.1 Schriftliche Kommunikation

Bei der schriftlichen Kommunikation muss der Inhalt ohne eine unmittelbare optische und akustische Wahrnehmungssituation, also in räumlicher und zeitlicher Distanz, vermittelt werden.

6.2.1.1 Formen und Anlässe

Folgende Formen und Anlässe betrieblicher schriftlicher Kommunikation werden unterschieden:

1. **Klassische, schriftliche Kommunikation:**

   Geschäftsbrief, Fax, Bericht, Protokoll, Aktennotiz, Rundschreiben, Personalinformation, Management-Informationsbrief, Kurzmitteilungen, Hauspost, Notizen, Schwarzes Brett, schriftliche Belehrungsunterlagen, Newsletter, Mitarbeiterzeitung, Mitarbeiterbroschüren, Dienstanweisungen, Anordnungen, Angebote, Anfragen, Konzepte, Memos, Kundenbeschwerden, Formulare etc.

2. **Elektronische schriftliche Kommunikation:**

   E-Mail, Foren, Blogs, Intranet, Online-Newsletter, Wikis, Instant Messaging, Weblogs etc.

6.2.1.2 Gestaltung, Aufbau und Formulierung

? **Welche Regeln zur Gestaltung, zum Aufbau und zur Formulierung von Texten bestehen?**

Verständlichkeit	Die Texte müssen für die Zielgruppe verständlich aufbereitet sein. Der Inhalt sollte folglich klar, eindeutig und anschaulich formuliert sein. Zur besseren Verständlichkeit erhalten die Texte oft sprachunabhängige Symbole, Piktogramme und Illustrationen.
Klarheit	Die Texte müssen alle wesentlichen Inhalte/Informationen detailliert und eindeutig erfassen sowie in einer präzisen Sprache verfasst sein, um den gewünschten Gebrauch sicherzustellen.
Übersichtlichkeit	Die Texte müssen übersichtlich gestaltet sein, sodass man die gewünschten Informationen leicht finden kann.
Anschaulichkeit	Die Texte müssen bildhaft und lebendig bzw. durch Beispiele oder gute Erklärungen klar und einfach zu verstehen sein.
Prägnanz	Die Texte sollen knapp und treffend den Inhalt formulieren.
Aktualität	Die Texte müssen inhaltlich auf dem neuesten Stand sein.
Vollständigkeit	Die Texte müssen alle notwendigen Informationen explizit enthalten und auf alle Fragen eingehen, die für die Gesamtbeurteilung wichtig sind, um die notwendigen Schlüsse ziehen zu können.
Inhaltlich richtig	Die Texte müssen inhaltlich korrekt sein und dürfen keine inhaltlichen Widersprüche aufweisen.

Was versteht man unter einem Bericht? ?

DEFINITION BERICHT

Berichte sind Dokumente mit zusammengefassten, objektiven Informationen über den Betrieb, eine Handlung, einen Ablauf oder einen Sachverhalt, die keine Wertung des Autors enthalten.

Der Bericht ist in Vergangenheitsform zu verfassen und es dürfen nur Fakten (keine Wertungen!) genannt werden.

Ziel des Berichts:

Die Unterrichtung, Kommunikation, Steuerung und Dokumentation relevanter Informationen.

Inhalt eines Berichts:

- Tatsachen nennen
  (Was? Wer hat wann, wo, was gesagt, getan oder zu tun?)
  Und sich dabei nur auf das Wesentliche beschränken
- Anlass, Zweck und Empfänger festhalten
  (Warum? Wofür? Für wen? Welche Termine gibt es?)

Berichtsarten:

- Vergangenheitsbericht
- Augenzeugenbericht
- Protokoll/ Sitzungsbericht
- Rechenschaftsbericht

Was versteht man unter einem Geschäftsbrief? Welchen Inhalt hat ein Geschäftsbrief? ?

DEFINITION GESCHÄFTSBRIEF

Als Geschäftsbrief wird die Briefform zwischen Geschäftspartnern bezeichnet.

Inhalt eines Geschäftsbriefs:

Der inhaltliche und formale Aufbau eines Geschäftsbriefes wird in der DIN 5008 geregelt.

Nach DIN 5008 besteht der Geschäftsbrief aus folgenden Bausteinen:

- Absenderangaben
- Kalenderdatum
- Empfängerdaten
- Betreff
- Anrede → hierbei auf Titel achten
- Ausformulierter Text
- Schlussformel („Gruß“)
- Unterschrift
- Anlagenvermerk und Verteilervermerk

BEACHTE

- Ein wichtiges Merkmal eines Geschäftsbriefs ist die zwingende Einhaltung der Höflichkeitsformen
- In der DIN 5008 sind auch die genauen Maße für die Aufteilung von DIN-A4-Geschäftsbriefseiten geregelt

? **Was versteht man unter einem Protokoll, welchen Inhalt hat ein Protokoll, welche Protokolle werden unterschieden und welche Vorteile bieten Protokolle?**

DEFINITION PROTOKOLL

Ein Protokoll ist eine Sonderform des Berichts und dient der Information über Versammlungen, Veranstaltungen, Sitzungen, Seminare, Ausschüsse usw.

Mit Protokollen werden

- der Verlauf (wann und in welcher Reihenfolge hat wer was gesagt, getan oder veranlasst) und/oder
- das Ergebnis

einer Besprechung festgehalten.

Protokollierung bezeichnet die Niederlegung in Schriftform.

Inhalt eines Protokolls:

- Protokollkopf mit folgenden Angaben …
  - → Überschrift (wie Protokoll über …) oder Anlass (wie Titel der Veranstaltung, Veranstalter)
  - → Ort, Datum, Beginn und Ende, Anwesende, Abwesende, Vorsitz/Leitung der Sitzung,

Protokollführer, Verteilerkreis des Protokolls

→ Thema und Auflistung der Tagesordnungspunkte (TOP 1, TOP 2 ...)

- **Hauptteil**
  Die eigentliche Niederschrift, Wiedergabe oder Zusammenfassung der besprochenen Punkte und der jeweiligen Ergebnisse, z.B. Beschlüsse im Wortlaut mit Abstimmungsergebnissen
- **Schluss**
  Ort, Datum und Unterschrift des Protokollführers (rechts) und die des Versammlungsleiters/ Veranstaltungsleiters (links). Ggf. Anlagen/ Anträge, Verteilerkreis des Protokolls

Beachte: Durch zwei Unterschriften wird das Protokoll zur **Urkunde**

Folgende Protokolle/Protokollarten werden unterschieden:

Wortprotokoll	Das Wortprotokoll gibt die Diskussionsbeiträge **wörtlich und vollständig** wieder.
Verlaufsprotokoll	Ein Verlaufsprotokoll dokumentiert den sachlogischen und chronologischen Verlauf der Veranstaltung. Es werden alle **wesentlichen** Redebeiträge der Teilnehmenden ausführlich wiedergegeben, da nachvollziehbar bleiben soll, was in der Zusammenkunft behandelt wurde und wie sich die Teilnehmer äußerten. Aber, keine wörtliche, sondern nur eine inhaltlich richtige Wiedergabe.
Kurzprotokoll	Das Kurzprotokoll stellt die kürzeste Form des Protokollierens dar. Das Kurzprotokoll gibt den Verlauf stark gerafft wieder. Hier wird der Ablauf eines Gesprächs in seinen wesentlichen Zügen und Ergebnissen gekürzt zusammengefasst.
Ergebnisprotokoll	Das Ergebnisprotokoll wird auch Beschlussprotokoll genannt. Hier werden die Ergebnisse (Kerninhalte und Beschlüsse) einer Veranstaltung, unabhängig von deren Verlauf, so knapp wie möglich sachlogisch festgehalten/zusammengefasst. Die Diskussion selbst wird nicht wörtlich wiedergegeben. Das Ergebnisprotokoll muss vor allem die wesentlichen Arbeitsergebnisse der Sitzung herausstellen und kenntlich machen. Sachlichkeit und Kürze sind gefordert.
Abnahmeprotokoll	Ein Abnahmeprotokoll ist im rechtlichen Sinne die Abnahme in schriftlicher Form. Das Abnahmeprotokoll dient dazu, die Ausführung oder auch die Abnahmeverweigerung schriftlich zu dokumentieren. Inhalt **des Hauptteils des Abnahmeprotokolls:** ■ Die Bezeichnung der abzunehmenden Leistung, z.B. Angaben zur Maschine, Leistungsdaten ■ Teilnehmer der Abnahme ■ Datum des Beginns und der Fertigstellung der Leistung ■ Exakte Auflistung aller festgestellten Mängel der Abnahme ■ Vereinbarte Nachbesserungen mit Terminvorgabe ■ Ort der Abnahme und Datum der Abnahme

BEACHTE

- Übersichtlichkeit und Vollständigkeit der Protokolle
- Sachliche und neutrale Wiedergabe,
  d.h. keine persönlichen Anmerkungen, Einschätzungen und Gedanken
- Protokolle werden in der Zeitform „Präsens" verfasst,
  bei Zitaten verwendet man die direkte Rede

? **Welche Vor- und Nachteile bieten die einzelnen Protokollarten?**

Folgende allgemeine Vorteile bieten Protokolle:

- Mit Hilfe eines Protokolls können Teilnehmer an solchen Zusammenkünften deren Verlauf und deren Ergebnisse noch einmal nachvollziehen.
  Ferner dient es Personen, die nicht an den Veranstaltungen teilgenommen haben, als Information.
- Protokolle ermöglichen, Vorgänge zu rekonstruieren, um Fehler bzw. Fehlfunktionen zu erkennen und folglich zukünftig zu vermeiden.

Protokollarten	Vorteile	Nachteile
Wortprotokoll	■ genaue Nachvollziehbarkeit des Verlaufs der Sitzung ■ sehr ausführliche Informationen	■ Unübersichtlichkeit ■ sehr zeitaufwändige Anfertigung ■ Notwendigkeit von Stenografiekenntnissen des Protokollanten ■ muss i.d.R. von einem professionellen Protokollanten angefertigt werden
Verlaufsprotokoll	■ ausführliche Informationen ■ Erkennbarkeit der Redebeiträge mit Nennung der Namen der einzelnen Teilnehmer ■ Erkennbarkeit des Wegs zur Entscheidungsfindung	■ Unübersichtlichkeit ■ sehr zeitaufwändige Anfertigung
Kurzprotokoll	■ Übersichtlichkeit ■ Zusammenfassung der wesentlichen Informationen ■ schnelle Anfertigung	■ Notwendigkeit von Sachkenntnissen des Protokollanten ■ wenige Informationen über den Sitzungsverlauf

Protokollarten	Vorteile	Nachteile
Ergebnisprotokoll	■ Übersichtlichkeit ■ schnelles Finden der wesentlichen Informationen	■ fehlende Informationen über den Verlauf der Sitzung ■ Beiträge werden nicht aufgeführt
Abnahmeprotokoll	■ transparente Dokumentation der Ergebnisse ■ Beweissicherung und Sicherheit darüber, wer wann welche Leistung abgenommen hat ■ Dokumentation, dass bestimmte Anforderungen eingehalten bzw. nicht eingehalten wurden	■ zeitaufwändig ■ mit der Abnahme geht die Beweislast auf den Kunden über ■ mit der Abnahme beginnt die Frist, innerhalb der die gesetzlichen Gewährleistungsrechte gegenüber dem Auftragnehmer geltend gemacht werden müssen

Was versteht man unter einem Formular? Welchen Sinn und Zweck haben Formulare? ?

DEFINITION FORMULAR

Ein Formular (auch **Vordruck** oder **Formblatt** genannt) ist ein standardisiertes Mittel zur Erfassung, Ansicht und Aufbereitung von Daten. Es ist durch Eintragungen zu ergänzen, und dient der Bearbeitung häufig auftretender, gleichartiger Geschäftsfälle.

Formulare können entweder in Papier- oder in elektronischer Form (z.B. Webformular) vorliegen.

Sinn und Zweck von Formularen:

- Schnelle Bearbeitung häufig auftretender, gleichartiger Geschäftsfälle
- Arbeitsvorbereitung
- Übersichtlichkeit des Inhalts
- Vollständigkeit, da wichtige Informationen nicht vergessen werden können
- Beschleunigte Arbeitsabläufe
- Vereinfachung z.B. bei der Erhebung gleichartigen Daten/Fälle
- Weniger Schreibarbeit
- Weniger Fehler durch präzise Erfassung

Vorteile von elektronischen Formularen:

- Keine Bindung an Öffnungszeiten
- Keine Anfahrtswege

- Kostenreduzierung durch Datenübernahme
- Schnellere Bearbeitung
- Einfache Aufbewahrung und Archivierung
- Übersichtlichkeit des Inhalts
- Vollständigkeit, da wichtige Informationen nicht vergessen werden können
- Beschleunigte Arbeitsabläufe

? **Was versteht man unter Aktennotizen und Notizen?**

DEFINITION AKTENNOTIZ

Die Aktennotiz ist eine besondere Art des Kurzprotokolls. Hierbei werden Ereignisse, die für den Vorgang sehr wichtig sein können, kurz dokumentiert.

Zweck der Aktennotiz:

- Ablegen des Inhalts in einer Vorgangsmappe
- Eckdaten einer Vereinbarung/eines Gespräches festzuhalten
- Information, die an verschiedene Personen gerichtet ist

Beachte:

- Aktennotizen sollen knapp und sachlich formuliert werden. Nur die wesentlichen Punkte wie Ort, Datum, Thema, Ergebnisse etc. sollen festgehalten werden.
- Werden der Aktennotiz Meinungen und Eindrücke hinzugefügt, bezeichnet man sie als Aktenvermerk.

DEFINITION NOTIZ

notitia (lat.) = Kenntnis, Nachricht

Eine Notiz ist eine in schriftlicher Form festgehaltene kurze Information.

Zweck der Notiz:

- Erinnerung an zu erledigende Aufgaben und/oder Termine
- Sachinhalte schnell und effizient zu notieren, Fixierung umfangreicher Informationen in kurzer Form
- Die notierte Information durch den Überblick nachzuvollziehen und auszuwerten zu können

6.2.1.3 Einsatzmöglichkeiten und Übertragungstechniken

Unternehmen zeichnen sich durch eine Vielzahl möglicher Kommunikationswege aus, mit deren Hilfe Kommunikation kanalisiert und ihre Effizienz erhöht werden soll.

Kommunikationswege beschreiben den Instanzenweg der Kommunikation, also auf welche Weise Informationen von den obersten Ebenen zu den unteren Ebenen gelangen.

Innerhalb einer Organisation kann die Kommunikation formelle und informelle Kommunikationswege beschreiten. Idealerweise erfolgt die Kommunikation bewusst auf beiden Kommunikationswegen.

Was versteht man unter formellen und informellen Kommunikationswegen? ?

1. **Formelle Kommunikation/Formelle Kommunikationswege**

   Unter der formellen Kommunikation versteht man den formellen Instanzenweg der Kommunikation,
   d.h. die formelle Kommunikation ist geplant und durchläuft innerhalb einer Organisation die vorgesehenen Kanäle. Sie ist durch (in der Regel schriftlich dokumentierte) organisatorische Vorgaben und Regeln bestimmt, welche die Form, den Inhalt sowie den Ablauf der Kommunikation vorgeben.

   Die formelle Kommunikation orientiert sich am Unternehmensorganigramm und an Stellenbeschreibungen und ist meist eine Top-Down-Kommunikation.

   Bsp.:

   Verteilerlisten, Organisationspläne

   Zweck der formellen Kommunikation:

   - Gewährleistung eines reibungslosen innerbetrieblichen Kommunikationsflusses
   - Optimierung der organisatorischen Abläufe im Unternehmen
   - Dauerhafte und personenunabhängige Organisation der Kommunikationswege
   - Pflicht zur formellen Organisation der Kommunikationsprozesse nach dem Betriebsverfassungsgesetz

2. **Informelle Kommunikation/Informelle Kommunikationswege**

   Unter den informellen Kommunikationswegen versteht man Informationswege, welche die formellen Instanzenwege nicht einhalten. Es handelt sich also um den nicht vorgeschriebenen und nicht organisatorisch geregelten Kommunikationsanteil.

   Zweck der informellen Kommunikation:

   Bei der informellen Kommunikation geht es ...

   - um den Austausch persönlicher Informationen
   - um die Beschaffung von Informationen über betriebliche Angelegenheiten, die aber außerhalb der vorgesehenen Kommunikationswege weitergegeben werden

- um die schnelle und effiziente Beschaffung und Übermittlung fehlender, betrieblich notwendiger Informationen und Anregungen, z.B., weil mehr Informationen für die zu erledigende Arbeit nötig sind, als organisatorisch vorgesehen waren
- um das Schließen von Lücken der formalen Organisation (Lückenfüller), denn nicht alle Fälle eines notwendigen Informationsaustausches können vorab organisatorisch geplant werden.

Hinweis:

Die informelle Kommunikation **ergänzt** die formelle Kommunikation zu einer vollständigen Kommunikation und trägt so zu Erreichung des Unternehmensziels bei.

BEACHTE

Nachteilig bei der informellen Kommunikation ist jedoch, dass

- Instanzen übersprungen werden können,
- Missverständnisse auftreten können,
- Gerüchte, die auf diesem Weg entstehen, unnötige Konflikte hervorrufen können.

? **Was versteht man unter Groupware?**

Die schriftliche Kommunikation im Unternehmen kann auf dem internen Postweg, per Fax, per E-Mail oder Groupware erfolgen.

DEFINITION GROUPWARE

Als Groupware bezeichnet man eine Software zur Unterstützung der Zusammenarbeit in einer Gruppe, über zeitliche und/oder räumliche Distanz hinweg.

Hierzu gehören z.B. Systeme zur gemeinsamen Erstellung von Dokumenten, gemeinsame Informationsräume (Schwarze Bretter), Gruppenterminkalender, Gruppenaufgabenkalender, Videokonferenzsysteme etc.

6.2.2 Mündliche Kommunikation

Der Kern unserer inhaltlichen Aussagen liegt in sprachlichen Mitteilungen.

Die mündliche Kommunikation ermöglicht die unmittelbare Rückmeldung, denn man sieht und hört sofort, wie die Mitteilung angekommen ist.

Es ist zu beachten, dass nonverbale Zeichen eine zentrale Funktion haben und in der Regel mächtiger als die verbalen Botschaften sind.

Zur mündlichen Kommunikation gehören alle Gespräche.

6.2.2.1 Formen und Anlässe

Folgende Anlässe betrieblicher mündlicher Kommunikation werden unterschieden:

- Abteilungsbesprechungen
- Konferenzen
- Steuerungskreise
- Messeauftritte
- Informationsveranstaltungen
- Diskussionsveranstaltungen
- Pressekonferenzen
- Interviews
- Besprechungen und Meetings
- Betriebsversammlungen
- Trainings
- Mitarbeitergespräche
  wie Kritikgespräche, Personalentwicklungsgespräche, Zielvereinbarungsgespräche

Folgende Formen betrieblicher mündlicher Kommunikation werden unterschieden:

- Rede
- Präsentation
- Fachvortrag/Vortrag
- Diskussion
- Moderation
- Sonderform der mündlichen Kommunikation: Telefon, Telefonkonferenzen.
  Problematischer, da die nonverbale Ebene fehlt.

6.2.2.2 Vortrag und Gespräch

Ein Vortrag bezeichnet eine Rede, eine Darbietung oder einen Fachvortrag.

Eine Rede ist eine im Voraus überlegte, mündliche Mitteilung, die von einem Redner an mehrere Zuhörer gerichtet wird.

? Was ist bei der Vorbereitung einer Rede zu überlegen?

Gedanken zur inhaltlichen Vorbereitung	1. Prägnante Formulierung des Themas 2. Publikumsanalyse durchführen 3. Ziele der Rede klären 4. Stoffsammlung und vorläufige Gliederung 5. Roter Faden des Inhalts und der Rede erstellen Gliederungsschema: Einleitung — Hauptteil — Schluss 6. Äußere Gestaltung der Rede, sowie Unterstützung der Rede durch Visualisierung/Bilder erarbeiten 7. Welche Hilfsmittel und Medien sind einsetzbar?
Vorüberlegungen zur äußeren Gestaltung von Visualisierungen der Rede	■ **Farbliche Gestaltung und Hervorhebungen** **Beachte:** → mit farblichen Markierungen sparsam und gezielt umgehen → einheitliches äußeres Erscheinungsbild der Visualisierungen verwenden, denn ein häufiger Wechsel von Hintergrund- und Schriftfarben verwirrt die Zuschauer ■ **Text/ Schriftgestaltung/Schriftgrößen,** d.h., der Text muss gut lesbar für alle Zuschauer sein und je nach Größe, Beleuchtung etc. des Raumes muss die Schriftgestaltung unterschiedlich gewählt werden ■ **Textmengen, Übersichtlichkeit** → Blöcke bilden und nach logischem Aufbau gliedern → Stichworte und kurze Sätze, keine Fließtexte, nicht überfrachten ■ **Einbau von Multimedia-Objekten** ■ **Einsatz von Grafiken, Symbolen, Diagrammen** zur Visualisierung des Inhalts

? Erläutern Sie den Aufbau einer Rede?

1. **Einleitung**
   - Begrüßung
   - Hinführen zur Rede durch einen „Aufhänger", z.B. Frage, aktuelles Ereignis, persönliches Erlebnis, Zitat, Anekdote, Denkanreiz
   - Thema bzw. Gliederung vorstellen
2. **Hauptteil**
   - Darstellung der Fakten

- Folgerungen daraus
- Lösungsmöglichkeiten
- Ergebnisfeststellung

3. **Schluss**
   - Es geht um das Unterstreichen des Redeziels
   - Zusammenfassung
   - Ausblick
   - Appell, Taten fordern, Konsequenzen ziehen
   - Bogen zum Anfang spannen

6.2.2.3 Moderation

DEFINITION MODERATION

moderare (lat.) = steuern, lenken

Unter Moderation versteht man die **bewusste Steuerung von Gruppenprozessen**.

BEACHTE

Der Moderator ist **Fachmann für die Methode**, also die Vorgehensweise und Kommunikation während des Gesprächs - er ist nicht der Fachmann für den Inhalt, der die schnellen Antworten und Lösungen parat hat.

Welche Ziele verfolgt eine Moderation? ?

Ziele der Moderation:

- Entscheidungen vorbereiten und gemeinsam zu Ergebnissen und Entscheidungen gelangen, die von der ganzen Gruppe im Konsens getragen und umgesetzt werden
- Effektive Steuerung und Verbesserung der Kommunikation
- Erhöhung der Teameffektivität
- Zielgerichtete Beteiligung der Gruppenmitglieder
- Arbeitsprozesse in Gang bringen
- Konflikte bearbeiten, Probleme lösen
- Betroffene zu Beteiligten machen, Selbstverantwortlichkeit stärken
- Handlungsorientierung

? Zu welchen Anlässen werden Moderationen eingesetzt?

Moderationen werden insbesondere eingesetzt ...

- bei Besprechungen
- bei Sitzungen von Arbeitsgruppen z.B. Qualitätszirkel
- bei der Durchführung von Workshops, bei Schulungs- und Trainingsmaßnahmen
- zur Ideenfindung und um kreatives Denken anzuregen
- bei Konflikten
- bei der Entwicklung neuer Produkte, Methoden oder Wege
- zur Entscheidungsvorbereitung und zur Entscheidungsfindung
- zur Problemlösung und Konfliktbearbeitung in Gruppen

? Welche Voraussetzungen muss der Moderator mitbringen?

Der Moderator hilft der Gruppe, ihre Ziele zu erreichen, die Lösungen für ihre Fragen und Probleme selbst zu finden und umzusetzen.

Dafür benötigt der Moderator ...

- eine hohe Methodenkompetenz
  z.B. die Fähigkeit Probleme neutral anzusprechen und zu lösen, die Gesamtzusammenhänge zu verstehen und die Gesprächsergebnisse richtig und systematisch zusammenzufassen und zu visualisieren; einen sicheren und unaufdringlichen Umgang mit den wichtigsten Moderationstechniken
- eine hohe Sozialkompetenz
  z.B. hohe Kommunikationsfähigkeit; ausgeprägtes Einfühlungsvermögen in gruppendynamische Vorgänge; hohe Motivations- und Aktivierungsfähigkeit im Hinblick auf die Gruppenleistung; Flexibilität, da oftmals Entscheidungen erst in der Moderationssituation getroffen werden können bzw. eine Anpassung erfordern; richtiges Gespür wann welche Moderationstechnik geeignet ist bzw. wann sich der Moderator zurückhalten sollte
- Neutralität,
  d.h. der Moderator muss inhaltlich neutral bleiben.
  (**Aber**, dies fällt nicht immer leicht, insbesondere wenn man über entsprechendes Fachwissen verfügt, was man beisteuern möchte oder wenn einen die Ergebnisse des Gesprächs selbst betreffen)

BEACHTE

Der Moderator sollte keine manipulativen Fragen stellen, wie Suggestivfragen.

Welche Phasen der Moderation gibt es (→ Moderationszyklus)? ?

	Inhalt der Moderationsphase	Mögliche Methoden
Phase 1	**Einstieg** Kurze Einleitung über Inhalte und Ziele, Hinführung zum Thema, Orientierung geben, positive Atmosphäre schaffen	▪ Kurzpräsentation ▪ Erwartungsabfrage ▪ Einpunktabfrage
Phase 2	**Themen sammeln** Welche Themen sind aus der Sicht der Gruppe zu berücksichtigen? Welchen Themen sind aktuell für die Gruppe wichtig und besprechungswürdig?	▪ Brainstorming ▪ Kartenabfrage ▪ Themenspeicher
Phase 3	**Thema auswählen** Reihenfolge der zu besprechenden Themen herstellen, Themen nach Priorität gewichten	▪ Mehrpunktabfrage ▪ ABC-Analyse ▪ Pareto-Diagramm
Phase 4	**Thema bearbeiten** Darstellung des Problems, Ursachen analysieren, Besprechen der Zusammenhänge sowie der Fakten der Thematik, Sammeln von Lösungsvorschlägen und Überprüfung auf Eignung	▪ Problem-Analyse-Schema ▪ Zwei/Vier-Felder-Tafel ▪ Ursachen-Wirkungs-Diagramm/ Ishikawa-Diagramm/ Fischgrätendiagramm ▪ Mindmap ▪ Matrixdiagramm
Phase 5	**Maßnahmen planen** Umsetzung der gefundenen Lösungen organisieren → „Wer macht was wozu bis wann"?	▪ Maßnahmenplan
Phase 6	**Abschluss** Ergebnisse zusammenfassen, Danksagung, Maßnahmenplan schriftlich erstellen, Fortsetzung klären, evtl. Nachfolgegesprächstermin abstimmen	▪ Stimmungsbarometer ▪ Blitzlicht ▪ Einpunktabfrage ▪ Fragebogen ▪ Abschlussfeedback

6.2.3 Zielgruppengerechtes Auswählen und Verdichten von Informationen

Informationen müssen immer zielgruppengerecht ausgewählt und verdichtet werden, mit dem Ziel

- der Konzentration auf das Wesentliche und
- der Konzentration auf den Empfänger.

Informationen sollten sich auszeichnen durch …

- eine gute, klar strukturierte Gliederung
  → Übersichtlichkeit
- eine anschauliche zielgruppengerechte und verständliche Sprache
  → Verständlichkeit
  → Klarheit
- eine sachgerechte übersichtliche Visualisierung (Text, Grafik, Schaubild, Diagramme, Farben und Formen)
  → Anschaulichkeit
- die Darstellung des Wesentlichen
  → Einfachheit
- einfache prägnante Sätze in zielorientierter Sprache
  → Prägnanz

6.2.3.1 Medienauswahl

Die zur Auswahl stehenden (Präsentations-)medien werden in Kapitel "3.2.4 Präsentationsmedien" auf Seite 145 ausführlich erläutert. Von daher wird der schon behandelte Stoff an dieser Stelle nicht erneut dargestellt.

6.2.3.2 Gestaltungselemente

Die Darstellung und Darbietung von Informationen durch Medien kann durch unterschiedliche Gestaltungselemente erfolgen, wie

Texte, Bilder, Grafiken, Diagramme, Tabellen, Schaubilder, Mindmap, Farben und Formen etc.

Bei der Textgestaltung z.B. auf Folien ist Folgendes zu beachten:

- Nur die wichtigsten Kernaussagen visualisieren
- Einfache und verständliche Formulierungen verwenden
- In Stichwörtern formulieren
- So groß schreiben, dass es auch in der letzten Reihe lesbar bleibt
- Maximal zwei verschiedene Schriftarten verwenden
- Maximal 3 Schriftgrößen pro Folie
- Auf maximal sieben Inhaltspunkte beschränken
- Seiten nicht überfrachten

Bei der Farbauswahl und –gestaltung ist Folgendes zu beachten:

- Höchstens drei verschiedene Farben einsetzen
- Angenehme Farben auswählen, sowohl für den Hintergrund, als auch für die Schrift
- Akzeptable Kontraste suchen und bizarre Farbkombinationen vermeiden
- Einheitliche Farbgestaltung in einer Präsentation
- Effekte sparsam einsetzen

Hinweis:

Welche Regeln zur Gestaltung, zum Aufbau und zur Formulierung von Texten bestehen, wird in Kapitel "6.2 Betriebliche Kommunikation" auf Seite 237 ausführlich behandelt.

Anlage

Literaturhinweise

Andler, Nicolai: Tools für Projektmanagement, Workshops und Consulting: Kompendium der wichtigsten Techniken und Methoden, Publicis Publishing, 4. Auflage, Erlangen 2011

Bohinc, Tomas: Grundlagen des Projektmanagements: Methoden, Techniken und Tools für Projektleiter, Gabal-Verlag GmbH, 3. Auflage, Offenbach 2010

Burghardt, Manfred: Einführung in Projektmanagement: Definition, Planung, Kontrolle und Abschluss, Publicis Publishing, 5. Auflage, Erlangen 2007

Burghardt, Manfred: Projektmanagement, Leitfaden für die Planung, Überwachung und Steuerung von Entwicklungsprojekten; Publicis Corporate Publishing; 7. überarbeitete u. erw. Auflage, 2006

Dickemann-Weber, Birgit: Industriemeister (IHK) - Frage-Antwort-Karten IKP, Verlag Dickemann-Weber, 6. Auflage, Erlenbach b. Kandel 2018

Dickemann-Weber, Birgit: Industriemeister (IHK) - Frage-Antwort-Karten Zusammenarbeit im Betrieb ZIB, Verlag Dickemann-Weber, 5. Auflage, Erlenbach b. Kandel 2017

Dickemann-Weber, Birgit: Industriemeister (IHK) - Rechtsbewusstes Handeln- Das Juristische Tabellenbuch, Verlag Dickemann-Weber, 12. Auflage, Erlenbach b. Kandel 2018

Dickemann-Weber, Birgit: Industriemeister (IHK) - Zusammenarbeit im Betrieb, Verlag Dickemann-Weber, 5. Auflage, Erlenbach b. Kandel 2018

Dickemann-Weber, Birgit: Personalfachkaufleute (IHK) - Frage-Antwort-Karten Handlungsbereich 1: Personalarbeit organisieren und durchführen, Verlag Dickemann-Weber, 9. Auflage, Erlenbach b. Kandel 2017

Dickemann-Weber, Birgit: Personalfachkaufleute (IHK) - Frage-Antwort-Karten Handlungsbereich 4: Personal- und Organisationsentwicklung steuern, Verlag Dickemann-Weber, 9. Auflage, Erlenbach b. Kandel 2017

Fisher, Roger; Ury, William; Patton, Bruce: Das Harvard-Konzept, Campus Verlag, 22. Auflage, Frankfurt am Main 2003

Gabler Verlag (Herausgeber), Gabler Wirtschaftslexikon, online im Internet, www.wirtschaftslexikon.gabler.de

Krüger, Wolfgang: Teams führen, Haufe-Lexware, 5. Auflage, Freiburg 2009

Litke, Hans-Dieter: Projektmanagement - Methoden, Techniken, Verhaltensweisen, Carl Hanser Verlag, 5. erweiterte Auflage, München 2007

Olfert, Klaus: Personalwirtschaft, Kiehl, 14. Auflage, Ludwigshafen 2008

Olfert, Klaus: Projektmanagement, Kiehl, 7. Auflage, Ludwigshafen 2010

Patzak, Gerold; Rattay, Günter: Projektmanagement: Leitfaden zum Management von Projekten, Projektportfolios und projektorientierten Unternehmen, Linde Verlag GmbH, 5. Auflage, Wien 2008

Pinnow, Daniel: Führen: Worauf es wirklich ankommt, Gabler Verlag, 5. Auflage, Wiesbaden 2011

Portney, Stanley E. / Britta Kremke: Projektmanagement für Dummies, Wiley-VCH Verlag GmbH & Co. KGaA; 2. überarbeitete Auflage, Weinheim 2007

Rahn, Horst-Joachim: Unternehmensführung, Kiehl Friedrich Verlag GmbH & Co.KG, 6. Auflage, Herne 2005

REFA (Verband für Arbeitsgestaltung, Betriebsorganisation und Unternehmensentwicklung): Methodenlehre des Arbeitsstudiums Teil 1: Grundlagen, Hanser Verlag, München 1972

REFA: Methodenlehre der Betriebsorganisation. Anforderungsermittlung (Arbeitsbewertung), Entgeltdifferenzierung und Arbeitspädagogik - 3 Teile, Carl Hanser Verlag, 1. Auflage, München 1987

REFA-Lexikon - Industrial Engineering und Arbeitsorganisation, Carl Hanser Verlag, 2. Auflage, München 2011

Schelle, Heinz; Ottmann, Roland; Pfeiffer, Astrid: Projekt Manager, GPM, Deutsche Gesellschaft für Projektmanagement e.V., 2. Auflage, Nürnberg 2005

Schelle, Heinz: Projekte zum Erfolg führen - Projektmanagement systematisch und kompakt, dtv, 6. Auflage, München 2010

Schulz von Thun, Friedemann: Miteinander reden 1-3, Rowohlt Verlag GmbH, 8. Auflage, Reinbeck 2008

Seiwert, Lothar; Gay, Friedbert: Persönlichkeit, Das neue 1x1 der Persönlichkeit: Sich selbst und andere besser verstehen, Gräfe und Unzer Verlag GmbH; Vollständig überarbeitete Neuausgabe, München 2004

Seiwert, Lothar: Wenn Du es eilig hast, gehe langsam, Campus Verlag, 7. Auflage, Frankfurt/New York 2001

Stroebe, Rainer W.: Arbeitsmethodik: Energie-, Zeit- und Stress-Management Windmühle Verlag, 9. Auflage, Hamburg 2010

Weber, Dirk; Dickemann-Weber, Birgit: Betriebswirtschaftliches Handeln - Formelsammlung BWL, Verlag Dickemann-Weber, 9. Auflage, Erlenbach b. Kandel 2018

www.duden.de

www.wikipedia.de bzw. www.wikipedia.org

Abkürzungsverzeichnis

Abb.	Abbildung
Abs.	Absatz
AP	Arbeitspaket
ArbStättV	Arbeitsstättenverordnung
BDE	Betriebsdatenerfassung
BetrVG	Betriebsverfassungsgesetz
BG	Berufsgenossenschaft
BGV	Berufsgenossenschaftliche Vorschriften
BildscharbV	Bildschirmarbeitsverordnung
Bsp.	Beispiel/Beispiele
bzw.	beziehungsweise
ca.	circa
CAD	Computer Aided Design
CAM	Computer Aided Manufacturing
CAP	Computer Aided Planning
CAQ	Computer Aided Quality
CD	Computer Disc
CI	Corporate Identity
CIM	Computer Integrated Manufacturing
CNC	Computerized Numerical Control (elektronische Steuerung von Maschinen)
CPU	Central Processing Unit
DBMS	Datenbankmanagementsysteme
DIHK	Deutscher Industrie- und Handelskammertag
DIN	Deutsches Institut für Normung
Def.	Definition
d.h.	das heißt
DOS	Disk Operating System
DSGVO	Datenschutz-Grundverordnung
DTP	desktop publishing
DV	Datenverarbeitung
ECM	Enterprise-Content-Management
EDV	elektronische Datenverarbeitung
engl.	englisch
ERP	Enterprise-Resource-Planning
etc.	et cetera
evtl.	eventuell
FAZ	frühestmöglicher Anfangszeitpunkt
FEZ	frühestmöglicher Endzeitpunkt
ff	fortfolgende
FP	freier Puffer
ggf.	gegebenenfalls
GP	Gesamtpuffer
i.d.R.	in der Regel
ISO	International Organisation for Standardization
IT	Informationstechnik
LAN	lokal area network
lat.	lateinisch
MS	Microsoft
Nr.	Nummer
OH	Overheadprojektor
PAP	Projektablaufplan
PC	Personal Computer
PDA	Personal Digital Assistant
PPS	Produktionsplanung und -steuerung
PSP	Projektstrukturplan
RAL	Deutsches Institut für Gütesicherung und Kennzeichnung
RAM	Random-Access Memory (elektronischen Speicher)
REFA	Verband für Arbeitszeitgestaltung, Betriebsorganisation und Unternehmensentwicklung
RFID	radio-frequency identification
S.	Satz
SAZ	spätester Anfangszeitpunkt
SEZ	spätester Endzeitpunkt
sog.	sogenannt, sogenannte, sogenannter
u.a.	unter anderem
usw.	und so weiter
UWG	Gesetz gegen den unlauteren Wettbewerb
VDE	Verband der Elektrotechnik, Elektronik und Informationstechnik
VDI	Verein Deutscher Ingenieure
VDMA	Verband Deutscher Maschinen- und Anlagenbau
WAN	wide area network
z.B.	zum Beispiel

Stichwortverzeichnis

Symbole

A

B

E

F

G

H

I

K

Q

R

S

T

U

V

W

Z